U0181605

CONSTELADO

千 里 远 景 ， 如 在 尺 寸 之 间 。

厨师·食贩·美食家

明清饮食

伊永文 著

中国工人出版社

目 录

C O N T E N T S

饮食行业

明清时期的饮食行业，是由于工商业的发展和人口的流动、增长，市民阶层的扩大而迅速兴旺起来的。

明代以商业为主体的大城市已有五十多个，小城镇两千多个，农村集市有四千至六千个。（戴均良：《中国城市发展史》第五章，哈尔滨，黑龙江人民出版社，1992）京、省府、州、县、镇都有大小不等的城市，层次复杂，类型多样。（《万历歙县志》卷十《货殖》）在清道光二十年以前，居民不满两千的小市镇，多达两万八千个，1843年仅部分地区的小城镇就有一千六百五十三个。清嘉庆、道光年间的城市、商铺的数目，以每州县八九百个计算，应有一百三十余万。（《皇朝道咸同光奏议》卷二六《上户政类》）

城、镇、集、市的增多，必然呈现出"五方杂处，百艺俱全，人类不一，日消米不下数千"的局面。(《清经世文编》卷四十《户政》)有许多地处要冲的市镇，居民多设"酒馆以待行李，久而居民辐辏，百货骈集"(《嘉靖吴江县志》卷一《疆域》;《乾隆吴江县志》卷二《形胜》)，某些市镇的贸易则以"米及油饼为尤多"，以致"舟楫塞港，街道肩摩"(《嘉庆黎里志》卷二《形胜》)。

特别是苏州、杭州这类城市，借地形之胜，将精美的饮食渗透于旅游山水之间，一枝独秀。而遍布于大小州邑的妓院，为招揽顾客，也巧心经营，使丰饶上乘的饮食服务于有闲有钱阶层。从而使清秀与污浊像一枚铜板的两面，并存于明清饮食行业中。

当我们对明清城市饮食行业进行历史的透视时，就会发现明清城市饮食行业主要可分为三种类型。

第一种类型是在政治、经济、文化中心的大城市里，从明代《南都繁会图卷》所描绘的南京：南市街到北市街所出现的一百零九种店铺招牌，可知明代南京的饮食买卖是很多的，尤其是政府在南京主要通道上建造了十六座酒楼，它们是南市、北市、集贤、乐民、讴歌、鼓腹、清江、石城、来宾、重译、轻烟、澹粉、鹤鸣、醉仙、梅妍、翠柳。

这些酒楼每座皆六楹，高基重檐，内部宏敞，大书名匾①，气势雄伟，有"危楼高百尺"，"迢迢出半空"的赞誉，专门用来接待四方来客，宴请各国使节，并供功臣、贵戚、官僚、文人消遣享乐，楼中还备有"官妓"，每日歌舞不绝。这十六座大型酒楼，

① 陈世亭：《金陵世纪》，浙江范懋柱家天一阁藏本。

▲（明）仇英 南都繁会图（局部）

虽主要为达官贵人服务，但是这十六座酒楼所经营的烤鸭、烤鹅却成为脍炙人口的名菜。

与这种"官办"饮食业互为映照的另一种"烟花"饮食业，也带有专为有权有钱有闲阶层服务的印记。秦淮河畔诸妓院，广筵长席，座客常满，樽酒不空，一日时间，便要花费千金。[①] 妓院有厨娘，水陆珍奇，充盈庖室。[②] 醢酱果实米油酒等食物，专有商店供应。[③] 还有饮食肆楼为妓院制作"包桌""点茶"。

漉汁调酥，咄嗟立办，六簋八碟，干润并陈，选芬别腻，味以意需，菜肴有骑马蛤桃、丁香螺片、鸳鸯冰鲜羹、凤鱿丝、炙江瑶、抱鳗、拌春虾，圆牡蛎羹、海瓜子、裙带鱼、荷叶鳗、金钱蟹等。小吃有蚕纱饼、椒卷、玉兰酥、芙蓉饺、水饺、苏叶饼、兔

---

① 珠泉居士：《续板桥杂记》卷下《轶事》。

② 珠泉居士：《续板桥杂记》卷上《雅游》。

③ 捧花生：《画舫余谈》；《申报馆丛书·正集·古今纪丽类》。

茨糕等。真是鲜能振肺，清可醒脾……①

　　这种速度快、质量高、品种全的"烟花"饮食特色，可为南京这类大城市饮食行业，作一别致的一支。

　　第二种类型是稍逊于南京，但在工商业方面却发达的城市，如苏州。在《姑苏繁华图》中仅描述了苏

---

① 二石生：《十洲春语》下，《香艳丛书》第十五集。

州胥门、闾门、山塘一线市容，就涉及了五十多个行业，其中以与市民日常生活关系密切的粮、油、茶、盐、酱、南北杂货最多。有"金华火腿""宁波淡鲞""南京板鸭""南河腌肉""胶州腌猪"，还有专卖"白鲞银鱼老行""枫齐粮食"。饮食店就达三十五家，有供应"家常便饭""三鲜大面""馄饨""火肉馒头"等寻常饭、面、点心小店，也有豪华大型的酒楼……

这是苏州饮食行业的真实再现。像徐扬所绘的"专卖店"，确为苏州饮食行业的佼佼者。人所皆知的苏州皋桥西的"孙春阳南货铺"，拥有南北货房、海货房、醃腊房、酱货房、蜜饯房等。一直没有他姓顶代者。苏州是东南一大都会，群货聚集，不下数十万家，可是唯有孙春阳南货铺时间最长，这是与他店规严格、选制精密分不开的[①]，以至人们凡是要买吃的食物，小到"栗子、核桃，都要孙春阳家去买"[②]。

苏州的酒楼，也是以规模宏大闻名遐迩。如有林亭之胜的"三山馆"，烹饪有"满汉全席"和各种汤炒小吃，菜肴达一百四十七种，点心达二十六种，犹不可胜记。它们分为八盆四菜，四大八小、五菜、四荤八拆，以及五簋、六菜、八菜、十大碗、十二盆碟、十六盆碟。每席从七折钱一两起到十余两码不等，以满足不同层次、众多食客的需求……[③]此类酒楼，往往门亭画舫，屋丘名园，碧槛红栏，华灯璀璨，点缀了景致。

---

① 钱泳：《履园丛话》卷二十四《杂记·孙春阳》。
② 佚名：《钵中莲·堂断》，《明清戏曲珍本辑选》。
③ 顾禄：《桐桥倚棹录》卷十《市廛·酒楼》。

还有一种类型它既不是政治、经济、文化中心，也不是工商业极其发达的集中地，只是单纯的封建性的消费性城市。行业的数量也相当多，其中一大类为饮食行业。像明代的开封就很有代表性。

三街六市，奇异菜蔬，密稠不断，饭店、皮鲊、素面店、羊肉车、鸡鹅店。

张应奉酒饭店，各色奇馔……有熏鸡、鹅、鸭、豆腐、鸡子……各色海菜、六安芽茶。

南酒店、诸样美酒、干菜、糖果、鲜鱼、鳅鳝、团鱼、鲜虾、螃蟹、细片粉、油子粉。

大隅首大街往南、路东，有干菜、糖果等物。

过口，有鲜果、干果、菜蔬俱全，亦是三街六市：酒肆、油房、面店……切面……烧黄二酒、火烧、烧饼、牛驴肉车、饮食粗馔。

桥南有干鱼店，糟物、海菜俱全。各色生意，牵连不断。

镇圣王府过口往南……梨店、干菜店。

生猪肉架，各样南北鲜果干菜。

路东，有倾销铺、果子铺、姜店，内卖鲜姜、甘蔗、荸荠、栗子、白果、土茯苓。再南，有酒饭铺、烧酒、秋露白酒。

再南是油店，住者香油、菜油。

西至布政司署照壁后，卖酱菜百样、酱油、盐、醋；西有酒店……羊肉面店，日宰羊数只，面如银丝，扁食夺魁，各府驰名。

再自钟楼往南……大馆卖猪肉汤、蒜面、肉内寻面，诸食美味，阖郡驰名。

烧饼合担饼作双层，名曰合担。

有冰窖、烧饼、切面……酒肆。

响糖铺，所造连十、连五、连三合桌，各样糖果。

大门下，卖油箅、油糕、煎饼、蒜面、扁食、油粉、酥糖等食物。[1] 我们粗略统计这些饮食行业，占开封整个行业一半以上。饮食品种无所不有，无所不全。可以这样说，在开封每一街口胡同都有饮食行业。

▶（明）佚名 夏景货郎图
图中货郎正给小沙弥倒冰饮料

----

[1] 佚名：《如梦录·街市纪第六》，中州古籍出版社，1984年版。

在清代的开封，富贵人家给官府送礼，也以购买开封饮食行业中所卖的各地食品为多：光州鹅、固始鸭、当涂纯、庐陵笋、广宁蕨、义州蘑菇、鲁山耳、安溪荔、宣城栗、永嘉柑、侯官橄榄、河阴石榴、郑州梨、上元鲥、松江鲈、金华熏腿、长腰细白吴江粳稻之米、武彝茶、普洱茶、延平茶、建昌酒、郫筒酒、膏枣酒……①

在清代开封流动商贩中，也以饮食商贩为多。他们是："有阁阁拆声执勺卖油者；有拍小铜钹卖豆米者；有驱辘轳小车卖蒸羊者；有煮豆入酒肆，撒豆胡床以求卖者；有挑卖团圆饼、薄夜、牢丸、毕罗、寒具、肖家馄饨、庚家粽子如古人食品之妙者；有肩挑卖各种瓜果菜者；有入夜击小钲卖饧者；有悬便面于担易新者。"②

清代城市中这种饮食行业居城市行业之多的现象，绝非开封一市。据对乾隆三十八年（1813）重庆的"定远厢"的分析，此厢总店铺数为三百个，

---

① 李绿园：《歧路灯》，第五十二回，中州书画社，1980年版。
② 《乾隆祥符县志》卷六《建置》。

其中饮食店铺占九十八个。嘉庆十八年（1813）又对重庆的"紫金坊""灵壁坊"分析，其总户数为五百三十四，其中饮食店铺占一百二十二个。总结来看，饮食店铺占行业总数的1/3左右。其经营范围为日常生活食品，如菜米、饭铺、酒铺、肉、杂粮、米铺、油铺、豆腐铺、油盐铺、糕铺、糖坊、汤圆、小菜……①

由此而推及四川的中心城市成都，其饮食行业状况就更庞大而精细了，它包括有油类、米类、酒坊、烟行、茶馆、炒菜馆、饭馆、南馆、食品店、海菜铺、盐类、鱼类、虾、鸟类、兽类、昆虫类、果品类、菌类、酱园、京果帮、干菜帮等，其中酒坊有四百九十六个，油米店有四百七十余处，茶馆有四百五十四家。

成都饮食行业普通食品有：面十一种，饼十六种，包子十一种，糕二十七种，酥二十六种，卷十六种，烧麦十二种，饺子二十三种，各种家常便菜

---

① 冉光荣:《清前期重庆店铺经营》,《清代区域社会经济研究》，中国人民大学出版社，1996年版。

约举可达一百一十二种……从十八两至二十两纹银一桌的燕菜全席加烧烤，到一文钱的豌豆糕、六十四文一斤的春饼……成都饮食行业均备。

而且经营方式极为灵活，像南馆的菜可以出堂，馆内可以招客，价钱虽已定规但结算时可以折扣。炒菜馆兼卖饭，饭馆也有炒菜的。炒菜馆可任人自备蔬菜交灶上代炒，每菜一锅给八文火钱，八文相料钱。饭馆还备有可口的盐腌小菜。饮食行业内还有专门通

◀（清）姚文瀚 卖浆图

用的"饮馔类"言词……①

　　以上是成都饮食行业发展程度非常专门化的表象。倘若再看一看明清最大的城市北京的饮食行业，其专门化程度就更高了。韩大成《明代城市研究》告诉我们：明万历时北京一百三十二个行业中，共有三万九千八百多个店铺，平均每行业共有三百多个店

---

① 傅崇矩：《成都通览》，巴蜀书社，1981年版。

摆果摊

卖烧腊

▲ (清)佚名 各色食摊白描图 外销画

卖汤圆

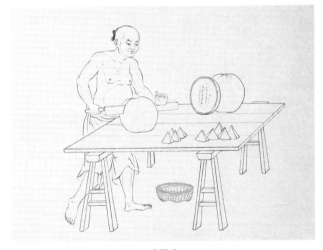

卖西瓜

铺，其中形成品牌的饮食行业店铺颇多。以糖饼行为例，自清康熙、乾隆、嘉庆、道光以来，著名铺家就有：

聚兰斋、大兴轩、大兴楼、佩兰斋、太晨轩、广盛斋、西大兴斋、天福斋、天吉轩、大馨斋、复俊斋、瑞兴斋、黄起何、大庆楼、吉庆斋、通州广兴斋、王乐斋、祥丰号、惠兰斋、庆兰斋、馨兰斋、明远楼、阜丰号、太和号、天桂斋、天门斋、复盛斋、丰泰号、金兰斋、宝声楼、乾泰号、同泰号、瑞兴号、成泰号、天源号、上珍斋……①

明清北京的十字路口，街道两旁还有比较固定的食摊。食摊经营时间、经营项目有许多不同，有的只设早摊，有的早晚出摊，有的随季节交换而相应变换，如夏卖凉糕、冬卖年糕，有的专卖节令、时令食品，如粽子、糖炒栗子等。有不少从事这种食摊致富者，就以业为名，如米祝酱、鱼王。②

第三种类型则是较多的走街串巷的小贩，他们推

① 李华：《明清以来北京工商会馆碑刻选编》二十七《糖饼行公所》。
② 刘寿眉：《春泉闻见录》卷二，四十八。

车、挑担、挎筐、提篮、背扁桶等，行业项目繁多，大都专项经营。如肩挑水桶、火壶的小食贩，遇食者，开水冲面成糊，上撒红糖当作点心。卖茶汤的，或者在乡下买来鸭蛋，腌咸再出卖的小食贩。

还有小食贩，从豆腐房贩来熟浆，盛于挑罐内，自用石膏点成豆腐，其嫩无比，用芝麻油醋拌食。也有的用白糖做成人物、禽兽，每售卖时，用三十三根竹签，上刻骨牌点，装入竹筒令抽之，如成副为赢，不成副为输，糖物上面拴挂牌点名色，对点即赢。

游艺叫卖的还有卖江米人物的，用江米面合成五色，做成人物，用癞瓜做"刘海戏金蟾"。还有卖豌豆糕的，其人将豌豆煮烂碾碎，用模子刻成各样玩意，使竹签三根，一根拴线拿在手中，令小孩使钱套一竹签，若套有线为赢，无线为输，名曰"套豌豆糕"。

还有吹糖人的：其人挑着两个木柜，一头上着一架小糖，熬化成汁，用两块模子合在一处，用力吹，能成禽、兽、人物。

还有卖凉粉的：其肩挑前一木盘，上列碗、筷子、醋瓶、作料、小盆，后有一木桶，内盛凉粉，

卖烧饼 卖细粉

▲（清）佚名 流动食贩 外销画

卖香瓜   卖猪肉

此粉系元粉淘成方块，用铜片旋成细条用油、醋浇之而食。①

　　这些流动的饮食摊贩，对住户非常方便。各种早点、夜宵、正餐、酒菜、零食、糖果、香油、小菜等不下数百种之多。在众多的饮食商贩中，最具有特色的反映出饮食行业风貌的是饮食的叫卖声。自明朝起，京城的五月，辐辏佳蔬名果，随声唱卖，以致人们听唱一声就能分辨出是什么食品，什么人担市，

① 佚名：《北京民间风俗百图》，书目文献出版社，1983 年版。

◂（清）佚名 卖水产的老者 外销画

而且其词不止一句，这是用曼声相招，感耳而引。[1]

在明清的北京城里，人们随时都可以感受到这种饮食叫卖的熏染，往往在一年之初即正月元旦之日起，从彻夜不绝如击浪轰雷般的爆竹声中，便可以听到这种独特的声音了，它们是：卖瓜子的解闷声，卖江米、白酒、击冰盏声，卖合菜细粉声……[2] 自此，一年四季的饮食叫卖的序曲便奏响了。

---

[1] 史玄：《旧京遗事》，《双肇楼丛刻》。
[2] 潘荣陛：《帝京岁时纪胜·正月·元旦》。

正如元旦卖粥的吆喝声：粥呕，精米粥……以后便连绵不绝：甜浆的粥喂，豆汁儿粥，咿吆大麦，哈米粥。尤其是那粥铺的吆喝声十分火暴——欻粥咧，欻粥咧，十里香粥热的咧……水饭咧，豆儿多咧，子母原汤儿的绿豆的饭咧……

粥食仅仅是饮食中的一类，它是每个季节都有的。除此之外，清代北京的饮食可分为面、肉、糖、点心、小吃、饮料、蔬菜、水果几大类别。

面食有：玉面馒头，千层饼儿馒头，白糖儿馒头，大烧饼，大卷子热烧饼，马蹄烧饼，黄面火烧，小米面火烧，花椒盐的蒸饼，枣儿澄沙的蒸饼，凉炒面，琉璃酸又辣的琉璃面，酸酸的、辣辣的羊肉热面，硬面饽饽，糖饽饽，澄沙饽饽……

肉食有：活虾米、鲜螺蛳、新鲜的黄花鱼唻、青蛤咧、海鲼鱼唻、烧羊脖唻烧羊肉、摆叶来羊肚儿、香烂的炒肝儿、羊头肉、风干来羊腱子、五香酱肉、熏鱼儿、爆肚儿、香烂驴肉、肥猪肉、牛头肉、刮骨肉、灌肠……

糖食有：满糖的"驴打滚"、白糖馅喽、灌馅的糖嗳、栗子味的白糖、赛白玉的关东糖、白糖梨膏、桂花西米糖……

蔬菜有：菠菜、干菠菜、小菠菜、嫩芽的香椿、小葱儿、莴苣菜、嫩水萝卜、白菜、蒜苗、豌豆角儿、芸扁豆、大蒜、大海茄子、架冬瓜、老倭瓜、茴香菜、马兰韭菜、豆芽菜、青豆豌、黄豆芽子、鲜蘑。还有经过加工的高甜酱瓜、酱莴笋、酱糖蒜、辣茄子、韭菜、腌芥菜、辣菜、酸菜、酸黄菜……

点心一类，仅糕就有许多种，如好热的煎糕、一包糖的豆面糕、玫瑰豆糁糕、黄米的年糕、江米的热年糕、江米果馅的甑儿糕、大块切糕、蜂糕……

小吃有：香蕈蘑菇馅的素包子，大薄脆的桂花缸烙，津透了、化透了的桂花元宵，吃得香嚼得脆的茶果，凉凉儿的黄米小枣儿筋道的大粽子、凉凉儿的镟粉、煎饼大油炸鬼、炸焦三角儿。用豆制成的食品则更多：豆豉豆腐、酱豆腐、臭豆腐、开锅的大豆腐、好热的豆腐脑儿、宽卤的豆腐脑儿、老豆腐、炸豆腐、豆腐干儿、麻豆腐……

水果有：赛"虎眼"的甜樱桃、脆甜的沙果、鸭梨、好吃又好剥的荸荠果、咸核桃、咸栗子，加工制成的：梨干、槟子干、果子干、桃杏干、沙果干、葡萄干、牛奶白葡萄、梭子葡萄、夏夏枣、璎珞枣、坛子枣、白枣、黑枣、葫芦枣、酸枣、朱李、绿李、玉黄李、什刹海之鲜菱鲜藕鲜莲……

饮料有：江米白酒、干烧酒、杏仁茶、热茶、豆汁……①

饮食众多，必然竞争，尤其一到应季上市之时。通常在水果旺季，卖水果者就搭盖起庐棚，内设高案，盒筐装满了各样鲜果，香气四溢。晚间灯下一望，色彩斑斓。卖果者高声叫卖，一路不断。②

卖水果者的吆喝声不由人不驻步细听——"块又大，瓤又高咧，月饼的馅来，一个大钱来西瓜"。先用便宜的价钱把人勾住，而且这西瓜是"管打破的"，这暗示质量让人放心，其吆喝则会让人未吃心里已甜滋滋、凉丝丝的，甭提有多美了。

"欬了水的来，蜜桃来喂，一汪水的大蜜桃酸来肉还又换来，玛瑙红的蜜桃来噎哎，块儿大，瓤儿就多，错认的蜜蜂儿去搭窝，亚赛过通州的小凉船来

---

① 闲园鞠农：《燕市货声》；汤用彤等：《旧都文物略》十二《杂事略·生活状况》。
② 让廉：《春明岁时琐记》，《京津风土丛书》。

哎。"这样的吆喝词句，显然是经过一番推敲琢磨的，它给顾客品尝西瓜的心理极大的满足，比喻贴切生动，也使人得到一次极好的艺术享受。

饮料的叫卖亦如此，一入夏，北京的许多干果子铺就在门首大书"熟水梅汤"四个大字，以示正宗古法炮制。因为"熟水"早在宋元之际就已盛行，那时的"熟水"也是用开水沏乌梅成卤制成。

清代继古制更有新意，其"酸梅汤"主要原料是用广东东莞县产的酸涩、性温、生津、止渴、核小、肉厚的乌梅，放在瓷缸内，用开水沏出乌梅的汁水，取其精华，和冰糖水兑做酸梅汤。然后将瓷缸埋入冰桶，用碎冰块镇住，饮来酸甜冰凉。一般的叫卖者是："铜碗声声街里唤，一瓯冰水和梅汤。"[①] 其吆喝声为："又解渴，又带凉，又加玫瑰，又加糖，不信您就闹碗尝一尝，酸梅的汤儿来哎，另一个味呀。"

再如"酪"，即牛奶的叫卖声也饶有味道。因清代饮牛奶尚未普及，所以吆喝起来是："冰镇的凌啊，雪花的酪，城里关外拉主道。"为了让人爱买，在

---

① 郝懿行：《都门竹枝词·丽书堂诗钞》。

"酪"的"上面还点着个红点儿"，使人看了"便觉可爱"，即使有身份的人也禁不住要来一碗尝尝[①]。糕点的叫卖则更别具一格：

> 忽听门外吆喝了一声酸枣儿糕。吆喝的好不奇巧，听我从头诉说他的根苗：不是容易走这一遭，高山古洞深涧沟壑，老虎打盹狼睡觉，上了树儿摇两摇，摇在地下用担挑。回家转，把皮儿剥，磨成面，罗儿打了，兑了糖，做成糕。姑娘们吃了做针指；阿哥们吃了读书高；老爷吃了增福延寿；老太太吃了不毛腰；瞎子吃了睁开眼；聋子吃了听见了；哑巴吃了会说话；秃子吃了长出毛。又酸又甜又去暑，赛过西洋的甜、甜葡萄，这是健脾开胃的酸枣儿糕。[②]

酸枣儿糕通过这首雅俗共赏的岔曲儿，可以远播京华了！这首岔曲儿也将酸枣儿糕商贩的辛酸表露得淋漓尽致。其中不乏溢美过头之词，但这不过是

---

① 文康：《儿女英雄传》第三十八回，人民文学出版社，1983年版。

② 王廷绍：《霓裳续谱·树叶儿娇》。

賣糕餅

▲（清）佚名　卖糕饼

为了形成一种戏剧性的效果而使市民光顾罢了。就如同卖饺子的商贩所叫卖的那样："好热呀，烫面饺儿来"，"烫面的饺儿热呀"，反复吟唱，无非为了更强烈动人。

这些饮食商贩不愧为艺术家，他们洞悉北京市民喜欢民间曲调的时尚，他们本身又是民间曲调的爱好者，他们以其所好投北京市民之所好，将自己要卖的饮食用娴熟的曲艺清唱及口技形式表达出来——报菜名数十种，字眼清楚不乱，语不粘牙。[①] 饮食商贩、跑堂们将饮食叫卖提高到了艺术的境界，而艺术又因他们的饮食叫卖向市民普及。

明清北京饮食的叫卖声，丝毫不逊色于高堂大厦的华彩乐章。以至在乾隆时代，每逢新年之际，乾隆都在圆明园的同乐园设有一条"买卖街"，市面上所有的物品均备，虽至携小筐卖瓜子者也具备，尤其是"买卖街"饭肆中跑堂者，都是挑选外城各肆中声音响亮、口齿伶俐者担任。当乾隆驾过店门时，则走堂者呼茶，店小二报账，掌柜者核算，众音杂遝，纷

---

① 杨静亭：《增补都门纪略》卷六《走堂》。

纷并起，以为新年游观之乐。① 这成为明清北京饮食行业中较为独特的一道风景。

明清北京的饮食行业一显著特征是经营范围广阔——像杂粮行、炒锅行、蒸作行、豆粉行、杂菜行、豆腐行②、烹饪原料行、农副产品行、米行、面粉行、南北货行、油行、酱行、酒行、鲜肉行、火腿腌腊鱼鲞行、鸡鸭野味行、水作行、茶叶行、烟行、水果行、茶馆行、饭店行、面店行、糕团行、烧饼馒头行、茶食糖果行……这还是粗略的分类。每一行内又分许多小行，如明代通俗称作"五熟行"的小吃行，分别分为卖面的唤作汤熟，卖烧饼的唤作火熟，卖鲊的唤作腌熟，卖炊饼的唤作气熟，卖馓饼的唤作油熟。③ 专门精于一行已成为明清北京饮食行业另一特征：

包办官席的是东麟堂，包办南席的是余庆堂，包办素席的是素真馆，米粉肉以"东升堂"著名，爬鸭

---

① 姚元之：《竹叶亭杂记》卷一。
② 沈榜：《宛署杂记》第十三卷《铺行》。
③ 罗贯中：《三遂平妖传》第二十七回，北京大学出版社，1983年版。

▲ (清)上元灯画《济公传》中的小饭馆

▲（清）上元灯画《济公传》中的小酒馆

子以"福隆堂"著名，一品锅以"聚宝堂"著名，煎鲫鱼以"汇源楼"著名，烩鸭条以"龙源楼"著名，焖断鳝以"同福楼"著名，煎桂鱼以"汇兴楼"著名，烩虾仁以"同兴楼"著名，烩三鲜以"富兴楼"著名，烩爪尖以"泰丰楼"著名，烩肝肠以"百景楼"著名，酱汁鲤鱼以"东升楼"著名，羊肉扁食以"德源楼"著名，炸八块以"太升楼"著名，炒肝以"三胜馆"著名，烩鸡丝以"天兴居"著名，黄焖肉以"东兴居"著名，熘黄菜以"万福居"著名，酱肉以"万兴居"著名。

福兴居专卖清蒸小鸡，"义胜居"专卖四喜丸子，"广和居"专卖什锦饺子，"鼎和居"专卖炮羊肉，"同福馆"专卖烩鸭腰，"兴升居"专卖羊腱子，"泰和馆"专卖熘烙炸，"和顺馆"专卖白片肉，"致美斋"专卖熘鱼片，"义胜斋"专卖坛子肉，"砂锅居"专卖猪八样，"青梅居"专卖干三件，"东便宜坊"专卖苏盘板鸭，"西便宜坊"专卖烧鸭、筒子鸡，"如意坊"专卖酱口条，"普云斋"专卖酱肘酱鸡，"天盛馆"专卖熏鱼，"耳朵眼"专卖灌肠，"月盛斋"专卖酱羊肉，"羊肉案"专卖蒸羊肉。

卖饮料、干果、酱菜等杂食店有：各种药酒——天福堂，江米白酒——东杨号，佛手露——都一处，玫瑰露——义兴号，绍兴酒——长发号，酸梅糕——东信远，炒红果——万升德，干果——聚泰德，鲜果——通三益，槟榔——天泰裕，硼砂——休乾堂，豆蔻——南山堂，兰花烟——万宝全，南杂拌——豫丰号，海味干菜——广益公，冰镇梅汤——老秋家，冰糖葫芦——信远斋，佛手咯哒——桂馨斋，酱萝卜、冬菜——鹦哥张，豆腐干、臭豆腐——王致和，酱油、八宝菜——天章号，包瓜、黑菜——六必居，香片菜——天瑞号，茶叶——吴德泰，奶酪——魏家铺。

卖糕点的著名肆店有：子儿饽饽——天全馆，咧子饽饽——增合楼，坑子饽饽——玉庆斋，排岔麻花——西宝斋，黄白蜂糕——天馨斋，窝窝蜂糕——魁宜斋，山楂蜜糕——西大兴，鲜玫瑰饼——和兴斋，绍兴糕——珍味斋，年板糕——万兴斋，水晶栗子糕——汇兰斋，大八件——东大兴，南点心——滋兰斋，小八件——天鹿斋，元宵——仙鹿斋，素点心——域盛斋，奶油点心——宝兴斋，荤素月饼——

金兰斋。

这些糕点铺，为招揽顾客，十分注意装饰门面，每逢上元，专请画师画绢纱画灯，即画在灯屏上的绢画，灯盏为四面，四幅画为一盏，画二十四盏一堂的纱灯组画多达九十六幅，清中后期以来以徐白斋为代表的一大批灯画师，继承了明代上元纱灯之风，以小说戏曲为题材，如东四七条东口外饽饽铺的《聊斋》，东四八条瑞芳斋的《三国》，北城北新桥聚生斋田家饽饽铺的《醉菩提》，地安门外同佑茶庄的《西游记》，聚兴斋的《今古奇观》，东四牌楼文美斋的《警世通言》……内容繁复，结构紧扣，若连环画，吸引人看完第一盏，欲罢不能，直到全部看完，以至期待第二年重来观赏……①

在明清北京饮食行业中，数量最多的要数饭店，呈现出"连巷交衢，至不可数"的景象。饭店中最大的叫"饭庄"，都以堂命名，如专门包办官席的东麟堂，包办南席的余庆堂等。这些饭庄庭院宽阔，房间

---

① 万青力：《并非衰落的百年》，广西师范大学出版社，2008 年版；王树村：《上元灯画》，北京工艺美术出版社，2011 年版。

▲（清）佚名 卖五香豆耍空竹 外销画

幽雅，家具上乘，字画讲究，碗盘勺筷，成桌配套，饭食器皿，贵重精巧。各饭庄还设戏台，人家有喜庆事，则筵席铺陈，戏剧一切包办，莫不如意。

这样的饭庄当然专以贵族豪绅、官僚富商为服务对象。以致承办皇家陵差事务，也都由饭庄料理。所以绝大部分时间不卖座，又唤为"冷饭庄"。东单观音寺胡同的庆惠堂，平日没有过问的，每逢春、秋二试，举子多聚居在东单牌楼一带，值此时该饭庄才兴旺起来。①

随意宴集吃喝的场所，通常称作园、馆、楼、居。为了吸引顾客，园、馆、楼、居注重装修和营造声势。有的酒楼，"起得十分华美，远望三层酒楼，高有数丈，楼上吹弹鼓舞，极其繁华。门外金字招牌写着'包办南北满汉酒席，各色炒货俱全'"②。

园、馆、楼、居在招牌幌子上是很下功夫的，无论实物还是文字、标记，以双幌、竖幌、横幌、坐幌、墙幌等样式，描金绣银，飞龙腾凤；对称张悬，

---

① 崇彝：《道咸以来朝野杂记》，石继昌点校抄本。
② 佚名：《乾隆巡幸江南记》第一回，上海古籍出版社，1989年版。

巧设寓意……使人漫步在饮食行业中间，不亚于置身艺术的博览会——

烧酒幌子多用盛酒的容器，若酒坛，若葫芦。切面铺门前匾额上花头悬挂两串圆形红纸穗子，两侧各挂一长方形木板，上面彩绘桃子，象征长寿，下端红纸穗子飘扬。粗饭铺的幌子是由三个黄色圆木块吊串在一起，表示蒸食是经过多道工序。面食铺的幌子是在藤圈外糊金银纸，圈的四周贴红、蓝色纸条，格外耀眼。点心铺的幌子是粉红色水果模型，上下各有一块漆成金黄色的装饰板缀连。糕干铺幌子，上有蝙蝠形装饰，中间是糕点模型，下层是莲花形装饰……

精美的饮食行业招幌，使皇家也心向往之。竟以"御命"工匠在御园禁苑内效仿制作，其样式繁多：火腿、鸭子、各样饽饽、元宵、茶馆招牌、东瓜、王瓜、水萝卜、山药、藕、茄子、大萝卜、软面筋、硬面筋、生姜、山楂糕匣包、鲜果……[1] 这无非为了使皇帝与后妃们，在高深的宫廷中也能够欣赏到饮食行业招幌的亮丽。

---

[1]《圆明园内拟定铺面房装修拍子以及招牌幌子则例》。

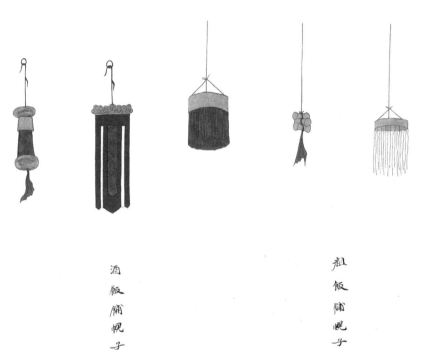

酒飯鋪幌子

粗飯鋪幌子

▲（清）周培春　食店幌子

麵舖幌子

粳米幌子

老米幌子

點心舖幌子

明清北京的饮食行业，不仅仅是幌子外部修饰得好，招人喜爱，内部的从业人员、服务态度、规矩器皿，也是非常讲究的。

"跑堂"的通常二十来岁，衣着利索：半大蓝布褂子，白布袜子，青布的双脸鞋，青布油裙，上镶着"五福捧寿"。手拿铜壶，来了客人就先倒半碗漱口水。① "酒儿冷又酾，菜儿收又摆，手爪抹脚勤快，下楼又跑上楼来，一觅胡交代。白煮生烧，一壶两卖，要吃的随意买。趱私房变派，尝汁汤好歹。绕店里无人赛。"②

只要有人"进门来掌柜一见忙站起"，"跑堂儿的擦桌子倒过了茶"，"霎时间菜至跟前"……③ 通俗作家还十分详细地将进餐的全过程记录了下来：

忽听得一声"摆酒"答应"是"，

① 郭广瑞、贪梦道人：《永庆升平全传》第六回，上海古籍出版社，1993年版。
② 陈铎：《滑稽余韵·朝天子·过卖》，《全明散曲》，齐鲁书社，1994年版。
③ 《领子谱》；《清车王府钞藏曲本·子弟书》。

酒堂 *tabernarij*

▲（清）佚名 跑堂

按款式许多层续有规矩。

先摆下水磨银厢轻苗的牙筷，

酒杯儿是明世官窑的御制诗。

布碟儿是五彩成窑层层见喜，

地章儿清楚花样儿重叠。

……

又只见罗碟杯碗纷纷至，

全都是宋代的花纹"童子斗鸡"。

足儿下面镌着字，

原来是经过名人细品题。

察看着当儿许多冰碗，

照的那时新果品似琉璃。

……

说"吃饭罢"，

……

正中间安设两个海碗，

盛的是参炖雏鸭合白鳝鱼。[1]

———————

[1] 《梨园馆》;《百本张抄本子弟书》。

▲（清）佚名　苏州市景商业·小菜行

▲（清）兴发号切面铺

　　在园、馆、楼、居中，有很大一部分是根据个人籍贯民族、爱好口味设立的。南方人多聚集在打磨厂口内的"三胜馆"，因那里有善烹调的苏州人；士大夫好集会在半截胡同的"广和居"，那里多是官僚层中人掌勺尝试。缸瓦市有"砂锅居"，可不添加任何配搭，做一百余种全猪菜蔬，肆中桌椅都是白木的，洗涤干净，满族人喜欢在这里聚餐。平民果腹的为"二荤馆",其中佼佼者为煤市的"百景楼",价廉物美。①

饮食行业还创制了一大批"风味"食品。像京肴北炒的"仙禄居",苏脍南羹的"玉山馆","清平居"的冷淘面,"太和楼"的一窝丝,"聚兰斋"的糖点,"土地庙"的香酥,"孙公园"作茶干的熏豆腐,"陶朱馆"蒸汤羊的肉面,"孙胡子"的细馅扁食,"马思远"的糯米元宵,"仁和肆"的玉叶馄饨,"抄手街"的银丝豆面,"高明远"的满洲桌面,"贾集珍"的内制楂糕……②双塔寺的赵家薏酒,引得蓟镇将帅置走马传致的"抄手胡同辛家"的煮猪头③,"月盛斋"的酱羊肉,"复顺斋"的酱牛肉,"正明斋"的糕点,"大顺斋"的糖火烧,"天福号"的酱肘子,"会仙居"的炒肝,"都一处"的烧麦④,三个大钱一个的"油炸鬼"……⑤

---

① 夏仁虎:《旧京琐记》卷九《市肆》。
② 潘荣陛:《帝京岁时纪胜·十二月·皇都品汇》。
③ 于敏中:《日下旧闻考》卷一四九《物产》。
④ 北京市第二商业局:《老北京特味食品店》,中国食品出版社,1987年版。
⑤ 《刘公案》;《都察院二十四部·车王府曲本》。

A seller of porker sausages.

▲灌肠买卖

A seller of bean-curd

▲ 卖老豆腐

　　饮食行业中还有为数不少的店肆，或借地形之胜，或别出心裁经营。像夏天德胜门内积水潭的荷花，盛艳可人，许多人前往观看，这里的酒家就卖"荷叶粥"，宴客的筵席必有四冰果，用冰拌食，凉沁心脾。①

　　立秋时节，有的店家就炽炭于盆，覆铁丝罩，将切得薄薄的羊肉，蘸醮酱炙火，地上置几只木几。这使顾客食肉姿势也很特别：一脚立地，一脚踞木几上，持筷燎肉，旁列酒杯，边炙边吃边饮。常有一人能吃上三十余觔肉的。②

　　"严冬烤肉味堪饕，大酒缸前围一遭"，这句清道光年间的诗③，勾画出了"大酒缸"与众不同的面貌：有的是一间门脸，有的是三间门脸，进门迎面都是一张木柜，柜台有的是一字形的，有的是曲尺形的。柜上放着许多大瓷盘，盘里盛着应时的酒菜，有荤有素。柜台外边摆着几个盛酒的大缸，上面是朱红油漆的大缸盖，这就是酒客们的饮酒桌。在酒缸上饮酒，反映

---

① 严辰：《忆京都词·墨花吟馆文钞》。
② 夏仁虎：《旧京琐记》卷一《俗尚》。
③ 杨静亭：《都门杂咏·食品门·烤牛肉》。

饮食行业

出了明清北京饮食行业促销手段是非常巧妙的。

在南方的杭州、扬州等城市，由于工商业经济及交通各方面条件的改善和提高，饮食行业也连锁地发生了较大的不同于北京大城市的变化。上层官吏及封建地主不再作为饮食行业服务的特殊阶层，中下市民阶层越来越多地成为饮食行业中的主要角色。尤为春天的拜佛进香，夏日的避暑乘凉，秋季的观潮嬉水，寒冬的赏雪寻梅……以中下市民为主体的游乐人口，推动了这些城市酒楼餐馆的繁华。这些城市也凭借着优美的自然环境，拓展了饮食行业的天地。

如江南湖汊纵横，人们喜欢买舟游览湖光山色。于是，"湖船"生意异常兴隆，自明代起，江南一带的游览胜地就有依靠"湖船"谋生者，他们这样唱道：

吃湖船，着湖船，祖宗三代靠湖船，造船并起屋，嫁女及婚男。逢子朋友也要哈酒，遇子娟妓也要使几个铜钱。到春来泊船在桃花洞口，绿柳桥边，到夏来鸡头莲子，更兼白藕新鲜，到秋来香橙黄蟹，新酒菊花天，到冬来三冬景雪漫漫，上铺被，下铺毡，三杯浊酒，一枕高眠。有时泊船钱塘门口，涌金门

► （清）年画 荡湖船图

▼ （明）钱贡 环翠堂园景图

前；有时泊在吴山脚下，静寺河边。眼看青山绿水，耳听急管繁弦。①

明代的"湖船"，有的长达十八米，并分别起"烟水浮居""湖山浪迹""水月楼"等雅号，以示专供游览、宴饮。清代的"湖船"更盛，多达九十余种。② 其中以苏州画舫最好，有人照式仿制，篙舷

---

① 无名氏：《精忠记》第九出《临湖》。
② 厉鹗《湖船录》丁丙《湖船续录》。

053

雕缋，阑柱丹碧，羊灯悬幔，蠡屏障纱，茗碗香厨，琐事咸备，专供游玩。[1]

人们多赁"沙飞船"会饮。这是因为"沙飞船"非常宽，重檐走轳，行动抉舵撑篙，有卷艄、开艄两种。仓中用蠡壳嵌玻璃为窗景，桌椅均雅，香鼎瓶花，位置务精，艄仓有灶，茶铛食器，左右陈列，酒茗肴馔，任客所指。大船可容三席，小舟也可容两筵。凡治具招携，一定要先期折柬，上写"水窗候光，舟泊某处，舟子某人"之类的客套话。多半是午后集合到船上，再开始边游边吃的程序……

还有一种"灯船"。多在老棚上竖楣枋椽柱为檠，有钉有钩，灯饰贵重，一船连缀百余，上覆布幔，下舒锦帐，仓中绮幕绣帘，鲜艳夺目。船用中排门扃锢，别开两窦在旁边，像戏场门似的。中仓卧炕之旁，又有小通道达于船尾，日色照临，纤细可烛。炕侧必安置一小榻，还有栏楹桌椅，竟尚大理石，用紫檀红木镶嵌。门窗又多雕刻黑漆粉地书画，陈设有自鸣钟、镜屏、瓶花、茗碗、吐壶以及杯筷肴馔，非

① 二石生：《十洲春语》下。

常清洁。

雇赁"灯船"的往往是夸耀奢华的妓女等，有时十五艘"灯船"，柔橹轻摇，鸣锣齐进。有的船带丝竹，有的船度曲，有的船双陆斗彩，有的船彩衣扮戏……以致船头与船头相接，或疑纵赤壁之大观；舵尾与舵尾相连，仿佛横江中之铁锁。这种"烟花灯船"一个明显特色是一只船一只席，席席珍馐。[①] 这是因为此类船往往跟着略小些的船，专载"行厨"的。[②]

苏州"龙船市"时，家庭妇女出游最盛。她们自备肴馔，带到"小快船"上。由于着重在边游边吃，所以菜肴制作极其精细，有的菜仅够一箸一匙，这主要是为了食者细嚼缓咽，品尝滋味。这就是从"小快船"上创始的"船菜"。[③]

由于"船菜"花色多，滋味真，容量少，引得出家人都来学习。震泽有一阿文尼姑，用豆豉、面筋

---

① 俞达：《青楼梦》第三十回，上海古籍出版社，1994年版。
② 魏秀仁：《花月痕》第十一回，人民文学出版社，1982年版。
③ 大声：《苏州船菜》，载《中国食品》，1992（2）。

虎丘灯船胜景图

▲（清）年画　虎丘登船胜景图

制成鱼肉鸡鸭，使人不辨真赝。人们认为这种芳馨可口、盘餐清洁的殊佳风味，仿佛"吴中船式之菜"①。

"船菜"博得声誉，渐渐发展成了专门的饮食行业，如服务游船的"火食船"：盘盂刀砧、醋瓢酱瓶，以及果蔬，葱薤之类，堆满两侧。船上火仓仅容一人，踞蹲烧鱼焐鸭，焖羹炊饭，烧割烹调，井然有序，不闻声息。这种"火食船"，俨然如活跃在青山绿水间的流动餐馆。

"船菜"也演变成了"船宴"。苏州的船宴从清晨到夜晚，船上供应两餐。中顿：一般为八冷盆、四热炒、六小碗、四粉四面二道点心。自开船后约上午九点钟开筵，直吃到中午。夜顿：在返途中约晚上六点开筵，吃至半夜下船，一般为四冷盆、六热炒、四大碗。②

即使不是出游船，船上进餐也受此影响：中午，先是送上一大壶"其味甚美"的上好细茶，再上烧蹄、煨鸡、煎鱼、虾脯、甲羹、面筋、三鲜汤、十丝

---

① 佚名：《梵门绮语录·震泽老太庙阿文阿祯》。
② 梁仁、金植钧：《船行景移　酒甘肴美》，载《中国烹饪》，1988（5）。

菜、焖蛋之类的九大碗，罐饭、汤碗，外有六碗头的"下席"；晚间先上六碗饭菜，又是一壶好茶，再上九大盘火肉、鸡炸、鲫鱼、醢虾、咸蛋、三鲜、瓜子、花生、荸荠之类的点心，一大壶酒。[①]这显然是遵循着"船菜"行业的规矩和程序。

在扬州，"船菜"又称为"野食"。因为画舫多食于野外，经营此生意的有流觞、留饮、醉白园、韩园、青莲社、留步、听箫馆、苏式小饮、郭汉章馆等，也是规制分明。在上船之前，游人就要在城内这些饭馆预订。只是"沙飞船宴"无须订菜，因为船上厨行、作料一应俱全。刻画清道光年间扬州游船风貌的小说可证："那艄后有些庖人宰鸡杀鸭，备办筵席。"[②]

这种"野食船宴"，只是扬州饮食行业中的一项。扬州饮食行业的表现是多层次的，主要有这样几个方面。

因扬州居江、淮之间，渔市较其他行业更为兴

---

① 佚名:《绿牡丹》第二十三回，上海古籍出版社，1993 年版。
② 邗上蒙人:《风月梦》第十三回，齐鲁书社，1991 年版。

▲（清）年画 共乐升平得利图

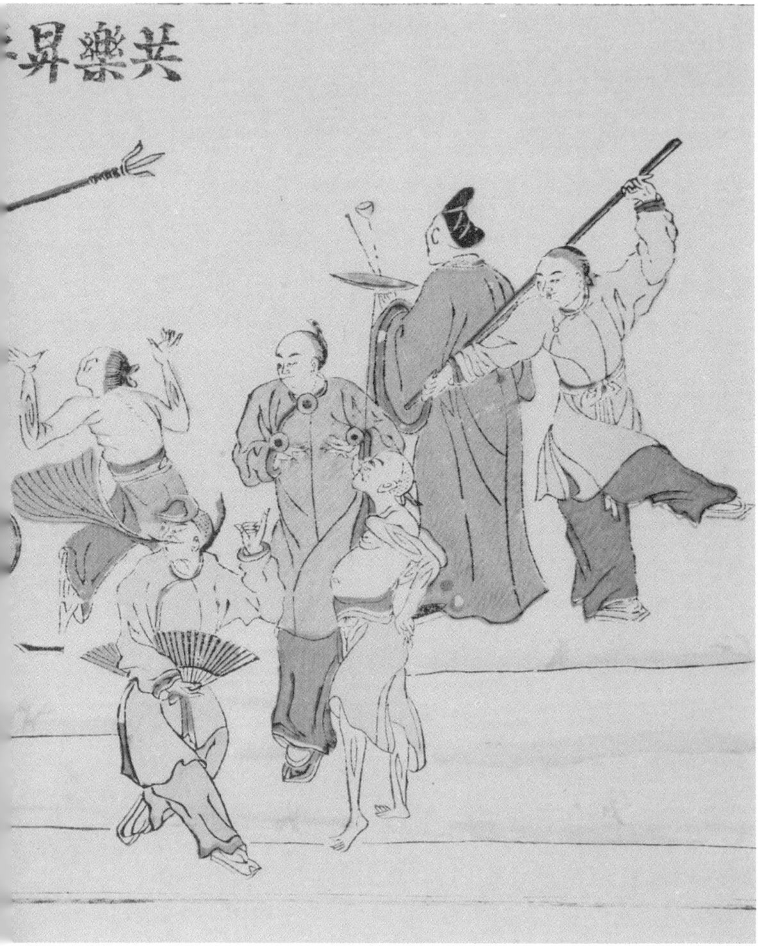
共樂昇

盛。扬州沿湖诸村镇百姓，均在城西北黄金坝设立鱼行，专供城中消费。城肆贩户，都在这里交易，一日分早挑、中挑、晚挑三市，挑者输入城中，或三四十里，多至六七十里，行走如飞，用行走的迟速来分优劣。鳊鱼、白鱼、鲫鱼为上，鲤鱼、季花鱼、青鱼、黑鱼次之，鲦鱼、罗汉鱼为下。黄金坝还设有咸货、腌切二行，对捕捞来的鱼进行深加工。

扬州的饮食行业中非常流行文化意味，新城街西的"青莲斋"，为六安山僧开设的茶叶馆，僧有茶田，春夏入山，秋冬居肆。东城游人，都到这买茶供一天喝的。最吸引人的是这茶肆有一郑板桥所写的对联："从来名士能评水，自古高僧爱斗茶。"在头桥上的"知己食"店，店主杨氏，工于宰肉，有炙肉法，称作熏烧，店中有一匾额上写"丝竹何如"四字，人们都不得其解。或认为虽无丝竹管弦之盛语解，谓其意在觞泳。或认为丝不如竹，竹不如肉语解，谓其意在于肉。可是杨氏，却借这联匾

▶（明）佚名 卖鱼图

新异，大大地赚了钱。

与此相对照的是粗简店家。如小东门街，"熟羊肉店"：前屋临桥，后为河房，下面为小东门码头。就食者多为鸡鸣而起的劳动者。这里的"小吃"为羊杂碎，再是羊肉羹饭。食余重汇，叫作"走锅"；漉去浮油，则唤"剪尾"，日久成习，便觉此嚼不坏了。

小东门西外城脚无市铺，卯吃申饭，一半要到小东门街的食肆。它们多是糊炒田鸡、酒醋蹄、红白油鸡鸭、炸虾、板鸭、五香鸡鸭、鸡鸭杂、火腿片等。最为方便的是"骨董汤"。在城下有散酒店、庵酒店之类，卖的"小八珍"都是些不经烟火的食物。春夏是燕笋、牙笋、香椿、早蕻、雷菌、莴苣，秋冬是毛豆、芹菜、茭瓜、萝蓏、冬笋、腌菜，水族是鲜虾、螺丝、熏鱼，牲畜是冻蹄、板鸭、鸡炸、熏鸡，酒是冰糖三花、果劝酒等，达旦不辍。

饮食店家与商贩的经营方式，可称得上多种多样，各有千秋。例如，乔姥在长堤置锡制大茶具，少颈修腹，旁列茶盒，置数十张矮竹几机。一杯茶二钱，称为"乔姥茶桌子"。出名的还有玉版桥的王廷芳茶桌子，他与双桥卖油糍康大合资，各用其技。游人至此半饥，茶香饼熟，非常容易赚钱。

自称"果子王"的北人王蕙芳，清晨用大柳器贮各色水果，先卖给苏式小饮酒肆，次及各肆，其余就在长堤上卖光了，他的儿子八哥也卖槟榔，一天可得数百钱。

卖糖的则奇巧，像"大观楼"糖，卖者用紫竹作担，列这种糖于上，糖修三寸，周亦三寸，中裹盐脂豆馅，贵的要十数钱一枚。又有提篮鸣锣唱卖糖官人、糖宝塔、糖龟儿各种糖玩意儿的，不太好吃，只供小孩玩耍。或置数十竹钉在筒中，其端一赤而余皆黑，用钱贯穿适中赤则得糖，否则负。口中唤唱，音节像远古歌谣。

扬州的食肆多附于面馆。面馆自一钱银，二钱、六钱不等，每钱打八折。品种鸡皮、鸡翅、杂碎、鳝鱼、河鲀、鲨鱼、金腿螃蟹等，各对所好。跑堂儿的笑容可掬，见有顾客来便问：老爷早。假若顾客不满意，也不能得罪。有的顾客早晨便让跑堂儿的买上好酱醋、麻油在面馆里"下干桦"吃，声称这是"爱洁"。①

扬州面馆的面有大连、中碗、重二等分别。冬用满汤，是为"大连"，夏用半汤，是为"过桥"。面有浇头，用长鱼、鸡、猪为三鲜。大东门有如意馆、席珍，如意馆每席约定二钱四分，以酒醉为程，名为"包醉"。小东门有玉麟、桥园；西门有方鲜、林店；缺口门有杏春楼，三祝庵有黄毛；教坊有常楼，都是这种类型的。

乾隆初年，徽人在河下街卖松毛包子，名"徽包店"。因仿岩镇于没骨鱼，名其店为"合鲭"，盖用鲭鱼为面。仿者有槐叶楼火腿面。"合鲭"又改为坡儿上的"玉坡"，还是用鱼面取胜。徐宁门问鹤楼螃蟹面出了名，接踵而至者，不惜千金买仕商大宅经营。像涌翠、碧芗泉、槐月楼、双松圃、胜春楼等，楼台亭榭，水石花树，争新斗丽，为他地所没有。最甚的，鳇鱼、蛑蝲、班鱼、羊肉诸"大连"，一碗能花费中等人家一天的费用。

扬州还有"五云馆"细点铺。这些细点有鹅油

---

① 焦东周生：《扬州梦》卷三。

此中國抽糖人之圖也 其人用白糖做汲人物
會獸每售賣時用竹簽三十二根上剜賞牌点
裝入竹筒令抽之如減付為贏不減付為賠糖
物上面栓掛牌点名色對点即贏也

▲（清）佚名　抽糖人图

和椒盐等不同品种，每斤一百六十文到一百九十文不等。这种价格等差反映它的细点花色品种繁多，货档齐全。早点细的如饺子，粗的如糖糕、蒸卷，一钱一个，非常精美。冬日茶园，有青菜蒸饺，每个三钱，胜过生肉饺子。还有用不接腐皮，切细丝拌食，或江鸥丝鳝鱼汤等。

许多食店以专门经营一种食品而得名，如"双虹桥"的糖馅、肉馅、干菜馅、苋菜馅的烧饼，宜兴丁四官所开的"蕙芳""集芳"的糟窖馒头，"二指轩"的灌汤包子，"两莲"的春饼，"文杏园"的烧麦，"品陆轩"的淮饺，"小方壶"的菜饺，张家老妇用上细米屑杂小粉制作的入口即化、他人不能的汤圆……

扬州饮食行业还注重行业的"本色"，所谓"本色"主要表现在装束上，像清明前后，肩担卖食的，都是俊秀少年。他们每人都着蓝藕布衫，反纫钩边，缺其衽，这叫"琵琶衿"，袴缝错伍取窄，这叫"棋盘裆"。草帽插花，蒲鞋染蜡，卖豆腐脑、茯苓糕，唤声柔雅，渺渺可听……

扬州饮食行业还有一显著特点，那就是将饮食店肆建造得像花园似的，楼亭台榭，花木竹石，无不精

美。如辕门桥的二梅轩、蕙芳轩、集芳轩，教场的
腕腋生香、文兰天香，梗子上的丰乐园，小东门的品
陆轩，广储门的雨莲，琼花观庵的文杏园，万家园
的四宜轩，花园庵的小方壶，都是扬州"荤茶肆"的
优秀者。天宁门的天福居，西门的绿天居，是"素茶
肆"的优秀者。城外占湖山之胜的最盛者是双虹楼。

具体如虹桥西岸的"虹桥茶肆"，它由辋川图画
阁旁卷墙门入丛竹中，高树或仰或偃，怪石或出或
没，构数十间小廊于山后，时见时隐。这一茶肆的
阁道，或连或断，随处通达。茶肆建一方楼，为冶
春楼，楼上三面虚照，西对曲岸林塘，南对花山涧，
北自小门入阁道。两边束朱栏，宽处可携手偕行，窄
处仅容一身，渐行渐高，下视栏外。廊竟接露台，有
石几、瓷墩，可在上饮酒。

还有亢家花园改为茶肆的"合欣园"，它以酥儿
烧饼享誉市场，是林姓两母女所开，她们清眸窥窗，
软语倚门，引得游人蜂集，林姓母女因此致富。在头
敌台开大门，门可方轭。门内用文砖亚子，红栏屈
曲，磊石阶十数级下，为二门，门内三楹厅，名为
"秋阴书屋"。厅后住房十几间，一间二层，前一层

为客座，或近水，或依城，游人无不适意。

"小秦淮"茶肆在五敌台。入门，有十余级阶，螺旋而下，三楹小屋，屋旁有二楹小阁，黄石高峻，石中古木数株，下围一弓地，置石几石床，前构方亭，亭左河房四间，外称佳构。[1]

还有用故家大宅改为茶坊酒肆的。扬州新城花园巷有片石山房，二厅之后，一低方池，池上有一座甚奇峭，高五六丈的太湖石山子。相传为石涛和尚的手笔，有一媒婆便利用此园林开了一间面馆。[2]

将茶坊酒肆建在园林，不仅仅是为了美化茶坊酒肆，主要还是借优美舒适的环境招徕顾客。扬州的茶坊酒肆园林，多以幽静淡雅为上。也就是为了闹中取静，使人在此流连，设立雅座，精心装饰，使一山一水尽入茶坊酒肆，也是为了兴隆饮食营业。看来扬州茶坊酒肆的经营者，生意经精通，而且胸中还有点丘壑。[3]

---

[1] 扬州饮食行业情况，除注明外，均征引于李斗所著《扬州画舫录》。

[2] 钱泳：《履园丛话》卷二十《园林》。

[3] 朱江：《扬州园林品赏录》，上海文化出版社，1984年版。

在杭州，投身于饮食行业，也会收到相当好的经济效益。明嘉靖年间的杭州李氏，忽然开起个茶坊，由于获利非常丰厚，远远近近都纷纷仿效，几天内就有五十余处茶坊开张。这些茶馆和酒馆没有太大的区别。[①]

如城隍山城隍庙的茶坊——放怀楼、景江楼、见沧楼、望江楼、兰馨馆、映山居、紫云轩……这些茶坊都是雕梁画栋，金碧辉煌，匾额对联，悉臻幽雅。茶坊的各式灯景、玻璃窗棂，桌凳器皿，无不光鲜精巧。茶坊所售的茶叶以本地生产为最好，食品是蓑衣饼著名，还有瓜子、花生、酸梅、干风腐干、韭菜饼、鸡豆等食品。

杭州其他"茶亭"，出售点心食品也是多种式样：橘饼、芝麻糖、粽子、烧饼、处片、黑枣、煮栗子……[②]与茶坊名称相关的"茶司"也一直长盛不衰。"茶司"为四个人为"一副"[③]，每副有二张锡炉、

---

① 周亮工：《西湖游览志余》卷二十《熙朝乐事》。
② 吴敬梓：《儒林外史》第十四回，上海古籍出版社，1984年版。
③ 梁恭辰：《劝戒录类编》第十一章。

▲（清）袁耀 扬州四景图

▲（清）城市茶馆图

杯筷、调羹、瓢托、茶盅、茶船、茶碗、烛台、酒壶、壁钉、桶盘、爵杯、银镶杯等，件件具备，而且是红花瓷、象牙筷，连茶叶、栗炭在内，每副价钱四百二十文。婚姻喜事加倍。但价钱是合宜的，杭州市民有红、白事，都来找"茶司"。

　　杭州饮食行业最为发市时刻，为杭州频频举行的"香市"，仅看每年主要的几次"香市"，便可想见杭州的饮食行业赚钱有多么多了。

▶（清）光绪年间 茶园演剧图

"天竺香市"：自城门至山门十五里中，挨肩擦背，何止万万行人……

"下乡香市"：杭、嘉、湖三府属各乡村民男女，坐船来杭州进香。船有千数多，人们所带银钱无不丰足。各行店面均皆云集，名为"赶香市"。城中三百六十行生意，夏、秋、冬三季不敌春季一市多，大街小巷无不人满……

"三山香市"：人数不下数十万……

自明代以来，四面八方来杭州昭庆寺上香的男男女女，老老少少，每日能达到"数百十万"①。小说家通过一先生的目光，展现了这一景象：来烧香的乡下妇女和自己的汉子，乘船来杭州，"一顿饭时，就来了有五六船"。外地"香客"的涌入，势必造成饮食行业的兴旺——西湖岸沿"接连着几个酒店，挂着透肥的羊肉，柜台上盘子里盛着滚热的蹄子、海参、糟鸭、鲜鱼，锅里煮着馄饨，蒸笼上蒸着极大的馒头"②。

大量的"香客"不单是来祈神保佑，也是为了观赏西湖，品尝美味——西来的栗，龙泓的茶，花下的藕，湖中的莼，春初的笋，秋半的菱，葛园的青李，三桥的红菱，玉泉杨梅，亭皋樱桃，横里芡实，栖上蜜橘。③西湖上的五柳居、闲福居、闲乐居等，肴馔齐全，珍馐咸备，特别是醋熘鱼，独擅其长。吃茶则庐舍菴，兼售西湖白莲藕粉，馒头则岳坟面馆，

---

① 张岱：《陶庵梦忆》卷七《西湖香市》。
② 吴敬梓：《儒林外史》第十四回，上海古籍出版社，1984年版。
③ 李鼎：《西湖小史·五产》。

盐、甜均美。尤为形同菱角、大如蚕豆、味道鲜美的"刺菱"，为世所仅有……

明清的杭州，已成为"四方宾旅渴想湖景"[1]之地，"渔者舟者戏者市者酤者"无不赖以生存[2]，饮食行业不能不有声有色——西湖探梅、清明踏青、半山观桃、龙舟竞渡、元帅会场、湖山赏桂、中秋斗香、江岸观涛，每逢此时，做食物生意的无不得利。六月夜湖、藕馨看荷、火神诞会、雷诞夜香，是夜山上茶店及摊场，均朗如白昼。从九月初一至初十，杭州市民又大半吃素净厨。茶坊菊景，品茗观花；吴山赏雪，饮酒室内……

针对流动人口多的特点，杭州饮食行业各种"大众小吃兼快餐店"办得尤为出色。

"羊汤饭店"：卖每碗六文或四文的羊货饭。还有听吃客之便，每碗六文、八文起的羊汤面。剥皮剔骨煨烂切块的羊肉，每件四文。分椒盐淡件，肠肺心等碎块，加汤盛碗为杂水，单碗六文，夹碗十四文。

---

① 叶权：《贤博编》，中华书局，1987 年版。
② 顾炎武：《肇域志·浙江》。

▲（清）年画 姑苏玄妙观

▲（清）年画 端阳喜庆

小吃有腰、肝、脊、脑、肠、肚、蹄子等，廿八文一
盘。一人吃十四文也卖。唯肝，又卖件儿，两件，只
收八文。干片儿每盘多少不拘，也可放汤作片子汤。
点心有肉丝、春饼、水饺、烧麦、面汤，二文。

"件儿饭"：冬天家乡肉盐件儿，夏天淡件儿，
每件四文。菜汤每碗二文，清汤不要钱。小吃如炒腰
子、虾仁等类。如一人吃煎鱼、熘肉各式家常荤腥菜
蔬，每件均六文。小菜、面汤各二文。

杭州饮食行业很注意吸收外地饮食行业的精华。
如杭州饮食行业中最常见的"苏州馆"，是因为苏州
食物，奢华甲于他邑，斗肥争鲜，诱人来食。像阊门
面馆，厅堂楼阁，葺理焕然，叠坐连盈，陈设精巧。
客一坐定，跑堂儿的就送来汤，汤后点酒点菜，随
心所欲，顷刻便能摆列上来。四五人消耗一二金为常
事，酒肴为主，面不过是名。①

这就是杭州饮食行业为什么经营"苏州馆"的原
因。"苏州馆"卖的面，细、软，有火鸡三鲜焖肉、
羊肉、燥子、卤子等，每碗廿一、廿八、三四十文不

---

① 破额山人：《夜航船》卷四《计道面馆》。

山羊香脆土羊肥
褐兔胸腴白兔皮
梨落忽闻池水响
更弯筠弩射香狸

——

谢阶树

▲（清）蒲呱　卖羊肉图

等。炒面每大盘八十四文。"苏州馆"还卖各种小吃并酒、点心、春饼等。此为"荤面",还有专卖清汤素面、菜花拗面等"素面"的,六文、八文起价,上斤则用铜锅大面,并卖羊肉馒头、羊肉汤包,三四月间添卖五香鳝鱼、小菜面汤。

"徽州馆"则与"苏州馆"互相映照。所卖面粗、硬,有名的是一种上加肉片、蛋皮、虾仁等物,碗大味鲜的"小碗面",量浅者吃这样一"小碗面"可抵一顿饭,才花十八文。也有上加素丝点心、净素小菜的"素面",每碗十文。[①]

为适应市民生活多方面的需求,各地风格流派的餐馆在清代的杭州纷纷上市。

"京菜馆":有炒面、水饻饻、蒸肉饺、烙饼、煎锅贴小吃,俱时新。随要大菜、海味,各色均是天津厨司煎炒的北京格式。

"广东店"与"苏州店"俱重熏酱。"广东店":烧猪、酱肉、油鸡、卤鸭、熏肚、香肠、蹄包,各式

---

① 以上杭州饮食业情况,除注明处,均征引于范祖述所著《杭俗遗风》。

▲（清）佚名 卖羊头

▲（清）佚名 卖羊肚

▲〔清〕佚名 卖野鸡兔子

熏烧俱全。"苏州店"：酱肉、肘子、酱鸭、鸡、肠肚、各色酱货。

"广东点心店"：硬燥油果、馅饼、白皮果馅饼、各样酥饼、酥儿燥面小食，名目特别多。"苏州点心店"：黏团、火腿肉馅、细沙白糖、粗粉黄白锭式糕、猪油黏糕、桂花黏糕，夏有松粉方糕，冬有条头糕、黄白黏糕、块楂糕等类。

"南京店"则突出烧汤鸭、桶子鸡、板鸭、风肠小肚、五香雀鸟。

"鸬鹚店"专门经营山鸡、野鸭、獐、枭、野猪、麂、兔、大雁、鸟鹊等野味食物。

"回回堂""西域馆"主要供应鸡肉馄饨、羊肉元子、虾仁、醋鱼、小炒等，顾客绝大多数是回族人。①

杭州饮食行业所开设的多种多样的食肆、面馆、专卖食店，集周到、细致的饮食服务习尚，与游山玩水、上香活动互为表里，显示出了沿海城市阔大而又活泼的开放性，重传统而又良好的吸纳性，为明清时期饮食行业的发展历程，跨出了明快、极具特色的一步。

---

① 佚名：《杭俗怡情碎锦·饮食类》。

厨师

城镇与商业的繁荣，使明清的茶坊酒肆，遍满街巷；旦旦陈列，暮辄罄尽。(《陈司业集》;《风俗论》;《常昭合志稿》卷六《风俗志》) 尤其是富户召客，已是"以饮馔相高，水陆之珍常至方丈，至于中人亦慕效之"。(《万历嘉兴县志》卷二《疆域考·风俗》) 这就使厨师这一行业，分外红火，迅速壮大起来。

明清厨师大部面向市场，因此，必须精研烹饪技艺，家厨更要精益求精，以满足大官巨贾猎奇的口腹之欲，厨师挟技为不同口味食者服务，促进了不同烹饪风格的交流，逐渐形成了带有鲜明地方特色的"菜系"。驰名的菜肴食品，已和厨师密不可分。所以具有高超技艺的厨师，成为贵族乃至皇帝罗致的对象。

　　在传统的文人诗文中，开始有了厨师明朗而又高大的形象。对厨师及其技艺推崇备至的描写和记录，已较为常见。这从另一个侧面反映了厨师的作用和烹饪技艺的规范，在明清饮食生活中已经确立和不可忽视。

作为烹调食品制作加工者的厨师，在明清的饮食生活中已形成了一庞大的群体。对其进行观察，就主要而言，厨师可分为以下三种类型：

一种类型是专为宫廷服务的厨师；

一种类型是在商业性饮食行业中的厨师；

一种类型是"家庖"、怀有绝技的事厨者。

在这三种类型的厨师中，无论是在人数还是技艺上，都以明清宫廷中的厨师为首。

明仁宗时，厨师的名额已达"六千三百余名"，也有明确记录为"六千八百八十四名"的。到宪宗时，厨师又"增四之一"，即达到七千八百七十五名。这么多的厨师，水平必定参差不齐。[①] 所以有大臣上书朝廷，建议审查宫廷厨师中的老、病和不能当

---

① 陈子龙、徐孚远、宋征璧：《明经世文编》卷二一九；《南宫奏议》之《议处光禄寺厨役》。

◀（清）郎世宁等 万树园赐宴图（局部）
帷幔外事厨的宫役

用的，进行"量退"。①

　　人数众多，很难一致保持高水准，因此有了对光禄寺厨师裁退一说。但是从宫廷厨师的基本素质来看，烹调技艺水准还是相当高的。有人这样描绘他们：

　　肉要十分烂软，略加五味调和。杀猪牲羖幼曾学，烧鸭烹鸡善作。细煮云中过雁，休论天上飞鹅。麒麟狮象与熊驼，曾在御前切过。

　　能造五辛汤水，合成百味珍馐。绮罗宴上御香浮，白玉碗中光溜。要识汤清有味，须知肉软无油。君王宰相与王侯，一碗通身汗透。②

　　明代一剧中一宫廷厨师则扬扬得意自道：

　　小子光禄寺厨役，三百名中第一。刀砧使得精细，作料下得稳实，馒头磨得光泛，线面打得条直，

---

① 陈子龙、徐孚远、宋征璧：《明经世文编》卷二四五；徐阶：《徐文贞公集》之《覆载革乐舞生厨役》。
②《李开先集》下册《宝剑记》第三出。

千层起得泼松，八珍配得整饬，何止五肉七菜，无非
吃一看十，吃了的眠思梦想，但看的垂涎咽液。休道
三阁下堂餐，便是六宫中也是我小子尚食，这开元皇
帝最喜我葱花灌肠，太真娘娘喜我椒风扁食。①

　　由于明代宫廷厨师有这样高的烹调手段，所以
在北京喜欢吃的人，特别是那些与菜户结成夫妻的宫
婢，也是"以善庖者为上等，并视其技之高下，为值
之低昂，其价昂者，每用得银四五两，专供烹饪"②。

　　这种不仅人数多，而且烹调技术精湛的景况，一
直延续到清代宫廷中。作为中国烹调最高成就的体现
的清代"御膳"，其主要促成者厨师之功是不可埋没
的。像烹调技术专家所研究的清代"御膳"名菜：

　　做"燕窝锅烧鸡丝一品"的是张东官，做"鹿
筋口蘑烩肥鸡一品"的是双林，做"鸭子火熏白菜
一品"的是郑二③，做"燕窝肥鸡丝、如意厢子豆腐

① 汤显祖：《邯郸记》第八出《骄宴》。
② 沈德符：《万历野获编》卷六《内监·镞匠》。
③ 吴正格：《满族食俗与清宫御膳》，辽宁科学技术出版社，
　　1988年版。

▲〔清〕冷枚 养正图册
　伺弄饮食的宫人

一品"的是顾四官，做"山药肥鸡羹一品"的是向二，①做"鸡糕锅烧鸭子寿字一品"的是沈二官，做"燕窝肥鸡寿意一品"的是朱二官……②是这些厨师的高超烹调技术，为清代宫廷"御膳"增添了异彩。

第二种类型，即在商业性饮食行业中的厨师。他们人数、层面比宫廷厨师还要多，还要广泛，以明代金陵一小小的秦淮河两岸为例，就有"酒馆十三四处"。③明代泰山脚下十处房，就可摆出百十席荤素酒筵。④其他地方所需这类厨师多少据此可作推断。

正是为了适应这种市场的需要，从明代起北京就建起了"厨子营"胡同，这类以烹调手艺挣饭吃的地方称"口儿"，或"口儿上"。厨师集中地就称"厨子口儿"⑤。烹调技术也不亚于宫廷厨师，因为他们已经职业化。

① 《哨鹿节次照常膳底档》八月三十日。

② 侯广江等：《清代离宫膳食》，中国食品出版社，1990年版。

③ 凌濛初：《初刻拍案惊奇》卷十五，上海古籍出版社，1982年版。

④ 《张岱诗文集》，《瑯嬛文集》卷二《岱志》。

⑤ 成善卿：《天桥史话》第三章。

口粮，一家儿说筵席勾当，作料物分两，先打起虚头账，调和五味宰猪羊，椒醋油盐酱。汤水绝伦，切炸多样，叫得勤录得广。整日价赡养，脱不了锅头上。[①]

这是明代作家，用最适合一般平民百姓口味的白话散曲，塑造出来的为商业性饮食服务的厨师形象，从而标示出了这类厨师在日常饮食生活中不可缺少的重要性。

至清代，这类厨师则更是：

饭庄、食店，非他不可，

吉日、良辰，不可少他。

他们的工钱是：

铺面的劳金好些吊，

日夜的工钱数百钱。

---

① 陈铎：《滑稽余韵》，《全明散曲》，齐鲁书社，1994 年版。

他们的技艺是：

五味调和酸甜苦辣，

百人独好凉香木麻。

正用的东西猪羊菜蔬，

配搭的样数鱼蟹鸡鸭。

应时的美馔烧燎蒸煮，

对景的佳肴煎炒烹炸。

手艺刀勺分南北，

生涯昼夜任劳乏。

在年景好的时候，厨师看到的是：

整担的鸡鸭挨挨挤挤，

满车的水菜压压权权。

糙粮杂豆堆堆垛垛。

南鲜北果绿绿花花。

厨师做的是：

大碗冰盘，干装高摆，

肘子稀烂，整鸡整鸭。

罗碟五寸，三层两落，

活鱼肥厚，鲜蟹鲜虾。

在年景不好时，厨师则分外敏感：

斗粟千钱，斤面半百，

羊长行市，猪价扎啦。

一个大钱买干葱一段，秦椒一个。

八九十文买生姜一两，韭菜一掐。

做的菜肴是：

挡口的荤腥是炖吊子，

油炸的焦脆是粉锅渣（铬馇）。

东坡几块囊皮膳。

炒肉多加嫩麦芽。

这种境遇，也使厨师的生活一落千丈：

歇工零碎熬青菜，
强似香油炒豆芽。

他们只能：

买些个煤炭油盐熬岁月，
等一个丰富年成再起家。①

　　这种用说唱样式所反映出来的厨师景况，可以当成清代厨师的一个大概的写照。但是缺少细部的描写，必须要观察有关厨师的"个案"，才能更好把握明清厨师真实的景况。在这方面，可资借鉴的是江南的厨师。
　　因为，在明代的北京，筵席的包办就以苏州厨师主灶为社会时尚，其次则为浙江绍兴的厨师。②甚至

①《厨子叹》，《清车王府钞藏曲本·子弟书集》。
②　史玄：《旧京遗事》，《双肇楼丛书》。

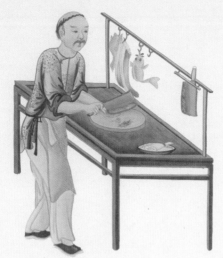

◀（清）佚名 炒蚬
外销画

▲（清）佚名　厨子 外销画

▲（清）佚名　卖元宵　外销画

在清代小说中还出现过这样的场面：

北方一饭店的堂倌对一南方人自夸："你老人家要吃鱼呢，是糟鱼，是酥鱼，锅贴鲇鱼，溜鱼片，烩甲鱼，烩白鱼；要吃肉呢，烧紫姜盐煎肉，排骨，丸子，炸肉骨碌儿。"那南方人应对说："不过这几样儿？这还没有我们南边小豆腐铺子菜多呢。"[1] 这话并非夸大，江南的厨师确实比起其他地方的厨师水平高，厨规也成熟得多。

例如，扬州，"以烹饪为佣赁者，为外庖，其自称曰厨子，称诸同辈曰厨行"。每当扬州城内人去野游，这类厨师便上"沙飞船"跟随，一展身手：

凡是水盆、笊篱，筷筒、醋瓶、镊勺、杯铛等炊具，置于竹筐，僵禽毙兽，放在上面，这叫"厨担"。厨师带用物品，裹上布，这叫"刀包"。

雇用专门烧火的"拙工"，窥伺厨师脸上的颜色，来判断炎火温蒸的程度……这样，画舫在前，酒船在后，橹篙相应，放乎中流，传餐有声，炊烟渐

---

① 佚名：《施公案》第一七八回，宝文堂书店，1982年版。

▲（清）佚名 街头厨师 外销画

▲（清）佚名 卖煎糕 外销画

上，一出"行庖"，在柳下花间，缓缓启幕……①

这只是一般性的饮食服务厨师，厨师中的佼佼者，是以拿手绝活闻名的。如厨师毛荣：

他，字聚奎，烹饪独绝，在张墅和附近的梅林镇上，人们每设盛宴，必以请到毛荣主厨为殊荣。乡亲用诗句传赞他的手艺："鲀来张墅全无毒，鸡到梅林别有香。"这种烹饪技巧就非同寻常了。

有官员因此邀毛荣到杭州治厨，一时名震西湖。后来毛荣返回故里，声誉更胜过从前，有不少人向毛荣学艺，模仿他做菜，可是知味的食客仍能立刻辨明不是出自毛荣的手艺。也就是说，毛荣的厨技已达到了出神入化，旁人不可企及的境界。

多么难治的物件，毛荣都可以将它做好，像"刺蝤鹰"，毛荣可以将它治净，拌盐，用井水凉，挂风燥处晾，灌菜油，经过细处理，再用白酒蒸烂。这个菜妙在"汁酌"上，毛荣可以使它"作馔"，也可以"汁调蛋蒸"，或加"其肉于碗面"，效果都很好。或像平常的面筋、豆腐，毛荣加配香菌、笋片、

---

① 李斗：《扬州画舫录》卷十一《虹桥录·下》。

鲜莲子、木耳等，使其成为饱啖肥甘后的一道清趣之味。像羊的眼、脚、膏，毛荣都可以施添作料，便做成鲜美菜肴。毛荣还将菜肴的制作规范化，整理了熬锅方、糖蹄方①，利于了脍炙人口的菜肴的传播。

另一具有特色的厨师，是第三种类型，即"家庖"，怀有绝技的事厨者。这类厨师之所以在明清厨师中占有一席之地，就是因为这类厨师的数量虽然不如为商业性饮食服务的厨师多，但质量并不弱于他们。

这是由于这类厨师受雇或从属于的这个阶层，具有优越的经济、政治、文化上的条件，他们是累世望族、朝野权贵、一方王侯、巨万商贾……几乎天天都沉浸在华贵典雅、布列千珍的饮食氛围之中，仅从他们的厨房就可看出不凡的气魄：

规模制度，颇有可观，中间添造三间，左藏佳酿，右藏海味山珍。中悬匾额，上书"遥接郇厨"。

① 郑光祖：《一斑绿·杂述二·名厨佳制》，《海王邨古籍丛刊》。

礷搥

盒礷

菜刀

肉墩

蒸籠

篩斗

籃斗
一名柄籮

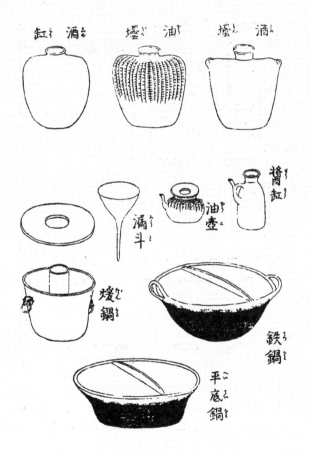

▲（清）炊具图

对联介，上书："品不贵多，何用食前方丈；味须求淡，漫询日费万钱。"相爷外灶介，也有匾对。匾介"下筷处"，对介："调和鼎鼐，品节盐梅。"①

至于厨师的技艺，自然不能马虎。即以扬州的各类厨师来说，"烹饪之技，家庖最胜"。其代表人物和食物佳品有：吴一山的炒豆腐，田雁门的走炸鸡，江郑堂的十样猪头，汪南溪的拌鲟鳇，施胖子的梨丝炒肉，张回回子的全羊，汪银山的没骨鱼，江文密的蟬螯饼，管大的骨董汤、鲞鱼糊涂，孔切庵的螃蟹面，文思和尚的豆腐，小山和尚的马鞍乔，都是风味绝胜。②

家庖虽然不是直接面向市场，但是他们绝不忽略烹饪技艺，因为家庖所服务的对象，都是口味极高、极为挑剔的，可以说灶间要烹天煮海，案头要奇异铺排，假如没有过硬的烹饪技艺，是难以驾驭的，许多"家庖"因此而练就了绝技。

---

① 吴毓昌：《三笑新编》第三五回《谈天》。
② 李斗：《扬州画舫录》卷十一《虹桥录·下》。

　　像大学问家赵翼的"家庖"陆喜，就以善蒸鸭子闻名，美食家袁枚吃后非常喜欢，便命自己的"家庖"拜陆喜为师，赵翼特意为此赋诗：

　　吾家有仆喜，烧鸭炒烹割。
　　香味蜜酿花，火功矢彻札。
　　熬之汁渍融，和以瀋瀡滑。
　　浓可使唇胶，烂不烦齿齾。
　　何来一老饕，饱啖到釜戛。
　　顿起乞隣贪，潜用媚灶黠。
　　传薪冀密授，瓣香乃虔谒。
　　厨夫称门生，奇事竟喧聒。
　　古来擅绝技，专席恐人夺。
　　鸳针绣不度，羿弓引不发。
　　王戎卖佳李，专核断萌枿。
　　卫公教用兵，十仅示七八。
　　喜也倘自秘，当守六二括。
　　乃被一刺投，欣然诩先达。
　　浅夫好为师，竟尔付衣钵。
　　发硎豹刃恢，出囊快颖脱。

111

> 遂使郇公厨，有人敢相轧。
>
> 若仿石崇例，此奴便应杀。
>
> 一笑旦置之，姑勿鸡豚察。①

　　从诗中，可以看出陆喜蒸鸭子的水平是相当高的，品质也是相当高的。同时也感受到了"家庖"之间互相交流的融融气息。但是对不好的"家庖"，清代小说也作了反映，它所展示的是在县衙中为县官服务的"家庖"，对其烹饪手艺、职业操行，采取了批评态度：

　　（他做的饭菜）不论猪肉、羊肉、鸡肉、鸭肉，一应鲜菜、干菜，都要使滚汤炸过，去了原汤，把来浸在冷水里面；就是鲜鱼、鲜笋，都是如此。若不是见了本形，只论口中的味道，凭你是谁，你也辨不出口中的滋味是什么东西。且是与主人拗别，分付叫白煮，他必定就是醋烧；叫他烧，他却是白煮……

---

① 赵翼：《奴子陆喜善蒸鸭子才食而甘之命其庖人用门生帖拜喜为师遂授法而去戏调子才》，《清诗纪事》，江苏古籍出版社，1987年版。

釀命

李勣太平御覽云袁戩周武帝時所造两行棋有日月星辰之目其八所為不同然當日長無事列陣相對勝負欣然戲點可喜蘇子由嘗在香花橋塊為酒客保酣嗜橘一杯青城草堂過雖榮金谿將軍與天邪賦曾戰曾不移郊賦乙所謂滃洲玉麈九鼎龍鍋糕八珍乙乙塵宵而兩門力詆甲又孔武屢輸乙共甲復諛浪笑自鳴得意乙逐乙儆食忍意杆而怒乃思推有力者思一筆乃乙之釀釀大炙夷傷急延傷料診視甫茶逆束夜服貪云不起甲自海每而死

▲（清）吴友如《点石斋画报》中厨房陈设

这个"家庖"还浪费原料，背着人偷买酒吃，还私定了一杆前重后轻的秤，与外边买办通同作弊，他不与众人一块吃饭，自己享用煎炸，夜间点了灯与人赌博……由于这个"家庖"，"欺主凌人，暴殄天物"，被雷击死了。①

也许基于这种"家庖"不良行为的考虑，美食家袁枚则满怀深情，浓墨重彩，全面刻画了一位极为敬业、操守无瑕的"家庖"楷模：

他是在袁枚家掌勺的厨师，叫王小余。他做的菜肴，香味可以散发到十步以外，闻者没有不咂舌头想吃的。王小余做的菜，是必定亲自去选购，他非常讲究食物原料的质地，质地优良的，他才肯买，才肯做。他做出来的肴馔使吃的人高兴得跳起舞来，甚至说："我多次想连餐具都吞下去。"

王小余每当炉时，倚在灶旁，目不转睛地站在那里观察釜中火候，别人招呼他，他好像根本听不见。只听他一会儿说："要猛火！"于是灶下烧火人把火弄

① 西周生：《醒世姻缘传》第五四回，上海古籍出版社，1981年版。

旺，如同赤阳。他一会招呼："要撤火！"那烧火人便迅速减柴。他说一声："暂且停烧！"烧火人便弃柴不烧了。他说一声："羹定！"当下手的急忙用器具来承受，如稍微迟慢，他便又叫又噪，如同对仇敌那样发怒。

王小余的手法非常轻巧，下料非常迅速敏捷，从没有见过他把指头伸到肴馔中试着尝味。他每次做菜品种，不过六七味，并不以多以杂取胜。炉灶活干完了，就洗手，坐下来磨洗炊具。他的炊具有三十多种，把箱子装得满满的。

王小余不仅烹饪技艺精湛，还具有很深的烹饪理论修养。如他提出的"浓者先之，清者后之，正者主之，奇者杂之"的烹饪技术见解，是相当精辟的。而且，王小余认为：只要上一菜肴，他的心腹肾肠也跟着一块上了。这种执着的敬业精神，是非常难能可贵的。因此，袁枚真诚地希望王小余"终老随园"，将他当成知己。以致王小余死后，袁枚一吃饭就为他掉泪。①

像王小余这样的"家庖"，在明清并非少数。有

① 袁枚：《小仓山房诗文集》卷七《厨者王小余传》。

高超烹饪技艺的厨师，成为许多达官贵人孜孜以求的目标。清代一曹能始先生，饮馔极精，这是和他有一位善于烹调的家厨董桃媚有关系的。每当曹宴请宾客，如果不是董侍候一旁，满座客人都能为这不高兴。曹一同事到四川任督学，缺作馔的，就来向曹乞求让董桃媚与他同去。①

而优厚的酬金，也更加促使许多有厨艺的人将受聘于贵家当成了谋生致富的手段。清代一个这样的故事，就为这样的"家庖"与雇主之间的供求关系作了生动的注脚：

一盐商之子张生，唯好口腹，广搜古今食谱，烹调甚精。父死业败后，张迁往武陵，住地有一候补太守公馆，仆从与张生结识了。过了几天，张生听到太守鞭打家人，张生询问何故，仆人说："我们主人，是四川的富豪，纳资得官，好精馔，带着得意厨师来，日前中暑死了。主人命我们找厨师，不如意就打举荐者，连挞多人。想不到这么大都市，找不出一个善庖者。"

张生不以为然说道：这样的人哪个地方没有？你

———————————
① 袁枚：《子不语》卷十七《天厨星》。

们是不善寻找罢。仆人说："先生能吗？"张生说："不知道你主人知味吗？"众仆人都欢喜地说："我们再为此忍耐一顿皮鞭，请你试试看吧。"仆人准备了烹调应用之物，交给了张生，张生做成四样晚餐进奉。

张生做的菜肴味香升腾，太守触鼻大喜，饱食一顿，然后问从哪里搞来的？仆人以实相告，太守立刻传见。张生说："我不是庖人，只是暂住，要走了，哪能做家庖呢？"仆人回复太守，太守说只要为我庖人指点，我必聘请。你们为我去好好说说，不可失去此人！仆人又来商量，张生这次说："你主人假如留我，一年要给三百银子，而且要亲请。我只能做账房，兼着督察厨师。"

众仆人就怕失去这位烹调能人，便为张生办了行李衣装，接着去太守处复命。太守往拜张生，一一如他所说，两人相处得很融洽，过了些日子，太守补缺，张便被任命为司总，薪金加到了千两，张生因善于烹调就此又起家了。①

张生以一烹调技术，就可以挣得千金年薪，这在

_____

① 吴炽昌：《客窗闲话续集·一技养生》。

当时是很昂贵的。这表明了明清之际的社会对厨师的需求是很高的，尽管这多局限于大户人家，但广泛要求厨师的人家并不少，在女"家庖"方面尤为突出。如饮食奢侈的江南，为讲究饮食的排场和质量，专重女"家庖"。扬州的"养瘦马"即为其中典型。

所谓"养瘦马"，是指养育他人家女子，使其成为具有多种技艺，言谈举止规范的女子。"养瘦马"中专有一项是训练少年女子的"家庖"手艺，如上灶烹调、油炸蒸酥、做炉食、摆果品等。

◀（明）仇英 汉宫春晓图（局部）

对这种训练有素的"瘦马"的聘请，也是十分郑重的。在"瘦马"家门前，花轿、花灯、擎燎、火把、山人、傧相、纸烛、供果、牲醴，罗列环侍，一满载蔬果、汤点、花棚、糖饼、桌围、坐褥、酒壶、杯筷等物件的担子，由厨子同时挑来，这俨然如同迎亲。① 标示出了养"家庖"在明代已形成了一套有章可循的程序。

---

① 张岱：《陶庵梦忆》卷五《扬州瘦马》。

119

◀ （明）陈洪绶 调梅图

养女"家庖"在明清已成为一种时尚。甚至妓院都养有自己的女厨，以备"客人"突然到来，厨娘可以"咄嗟立办"，使"客人"感到这里的饮食极其方便。[①] 从此不难窥见女"家庖"的烹饪水平之高。

又如，明末有一显贵欲宴请名士，也要先请一有名的厨娘来，这厨娘向主办人提出有三等席面可选，上等需五百只羊，中等需三百只，下等需一百只。主人选中等。到宴请

---

① 珠泉居士：《续板桥杂记》上卷《雅游》。

的那一天，名厨娘来了，侍从就有一百多，她装饰得珠围翠绕，只在高座指挥，侍从奔走刀砧，一切听从这位厨娘的安排。她所做的菜肴是先取每只羊的一片唇肉备用，其余扔掉，因为她认为：羊的美味全集中在这片肉上，其他腥臊不能用。[①]

　　这位厨娘显然是专为贵族服务的，但她不具体固定在哪一家，而是挟厨技奔波于贵族阶层，因此她非常注重风度，也更注意制作菜肴的质量，精益求精。而更多的女"家庖"，是那些终年在某一贵族家中服役的，这类女"家庖"，往往是专司一技，数月不过做一两次菜肴，如清代大将军年羹尧一专做"小炒肉"的女"家庖"，流落到杭州一秀才家后，秀才乞求她为他做一次"小炒肉"。按惯例，做这样一盘"小炒肉"，需一只肥猪，任她选择最精华的一块肉加工做成。秀才便用赛神会分到的一只死猪充当，女"家庖"勉强从这只死猪身上割下一块肉，先做好一碟送秀才吃。过了一会儿，女"家庖"从厨房进屋，见秀才倒在地上，已一息奄奄，一看，肉已入喉，

----

① 梁绍壬：《两般秋雨庵随笔》卷六《厨娘》。

并舌都吞下了。①

此事虽不乏夸张色彩，但女"家庖"的精湛烹饪技艺，是客观存在的，也是有可能达到这种程度的。因为即使是乡间的女"家庖"，也都是烹饪技艺惊人。像清代北方的宝坻县城旧绅家，有一半是用女厨师。

如王达斋襟丈家的梁五妇，善炙肉而不用叉烤，釜中安铁夹，上面放硬肋肉，用"文火"先炙里，使油膏走入皮内，"以酥为上，脆次之，吝斯下矣"。梁五妇的蟹肉炒面也非常好。芮宣臣家的高立妇，擅长煨肉，大约

孝事周姜
太任文王之母孝事
周姜诗人颂之曰思
齐太任文王之母思
媚周姜京室之妇

---

① 梁章钜：《归田琐记》卷七《小炒肉》。

▲（清）焦秉贞　历朝贤后故事图册·孝事周姜
事厨的宫人

硬短肋肉五斤，切十块，置釜中，加酒料酱汤，盖上盏，先用"武火"，后用"文火"，以一炷香为准，不但熟烂，色、香、味均佳。①

这是得明代富豪西门庆家的来旺媳妇烧猪头的神韵②，看来明清的女"家庖"的烹饪技艺是有规律可循的。但并不是所有精绝的烹饪技艺都被女"家庖"垄断，还有一些女性只是以"家庖"为乐趣，为此而修炼了高深的烹饪技艺与理论素养。

明弘治年间的松江白沙村，有一位叫宋诩的学者，他的母亲朱太安人就十分通晓烹饪经验，并有一手烹饪好技艺。这是由于朱太安人潜心钻研"家庖"的缘故，而且由于朱太安人从小随父亲在北京，后又随宋诩的父亲在外地生活过，眼界是开阔的，南北方多种菜肴食品都很熟悉，无论是腌制还是烹炒，无论是食品还是酱醋……朱太安人都能予以操作，并结合前人的经验，将制作菜肴食品的心得体会，从"养生"角度加以总括，口授给宋诩笔录整理，写入《竹

---

① 李光庭：《乡言解颐》卷三《人部·食工》。
② 兰陵笑笑生：《金瓶梅词话》第二三回，人民文学出版社，1985 年版。

屿山房杂部》，为女"家庖"的烹饪智慧作一总结。

在家庭烹饪技艺实践方面，较为全面，值得推崇的还有明末清初的冒辟疆的夫人董小宛。她不仅精晓食谱茶经，饮食技艺上也样样都行：膏红露碧，桃冻瓜凝，秋棠蜜渍，琐瑟米盐，庖下春纤……董小宛都能把食物的制作化入一个美的意境中，像"酿饴为露，和以盐梅"的制作，董小宛遵循着这样的规则：凡有色香花蕊都在初放时采、渍，这样可以经年香味颜色不变，红鲜如摘，而花汁融于露中，入口喷鼻，奇香异艳。

这些花露中最娇的为"秋海棠露"，海棠无香，独露凝香发，俗名叫"断肠草"，一般以为不能吃，实际味美在各种花之上。次一点的是梅英、野蔷薇、玫瑰、丹桂、甘菊等，橙黄、橘红、佛手、香橼，去白缕丝，色味更好。董小宛常常在酒后，拿出数十种这样的"花露"来，五色浮动白瓷中，解醒消渴，即使金茎仙掌，也难与争衡。

要使食物制作达到这种美的境界，是需要多方面文化陶冶的。董小宛恰恰是具备了这一点，绘画、咏诗、制香、书法……均有喜好，这些不同门类的文化

捧酒　　　　　　　　　　　　　　　捧水果

▲明代山西壁画

切水果与煮茶

熏染，反转影响于董小宛的食物制作，使她做出将各种美味"笼而食之"的突破性的举措。

本来，优裕的家庭生活环境不需要董小宛尽心竭力地事厨，但是对烹饪技艺的爱好，以此可为一种乐趣，推动着董小宛"四方郇厨中一种偶异，即加访求，而又以慧巧变化为之，莫不异妙"①。董小宛为清代"家庖"技艺达到相当高的程度，作出了独特的贡献。

① 冒辟疆：《影梅庵忆语》，《香艳丛书》。

美食家

明清时期，是南方发展最为鼎盛的时期，"民萌繁庶，物产浩穰"。物质的雄厚，滋长了竞赛奢华、无不求精的风习，在饮食方面尤为显著。

张岱、高濂、李渔、袁枚，正是在这种背景下，迈着潇洒的步子登上了美食的舞台。他们不同于那些无所事事、饫甘餍肥的达官贵人，而是依仗多方面的精深的文化修养，在精致的审美意识指导下，评品菜肴食物，研究饮食宜忌；总结制作经验，归纳整理工艺……定烹饪为一尊，将其引入文化艺术的殿堂。

张岱、高濂、李渔、袁枚的美食活动，自明后期至清中叶，与明清鼎盛相始终，在他们的美食实践和理论中，可以摸索到明清美食家缘起演变发展的历程。

　　张岱、高濂、李渔、袁枚的美食思想和方式，追求美食的情调，还有他们的饮食著作，均能自成体系，成一家之言，对当时及后世的美食影响颇大，对中国饮食历史的发展作出了特殊的贡献。

明代弘治初年，朝鲜国王李康靖对漂至中国江浙一带的崔溥说过："我国人物亲见大江以南者，近古所无。汝独历览若此，岂非幸乎！"从这无比赞赏的口气中可以得知，邻国对中国发达的江南是多么钦羡！在崔溥眼中，江南——

　　闾阎扑地，市肆夹路，楼台相望，舳舻接缆，珠、玉、金、银宝贝之产，稻、粱、盐、铁、鱼、蟹之富，羔羊、鹅、鸭、鸡、豚、驴、牛之畜，松、篁、藤、棕、龙眼、荔枝、橘、柚之物，甲于天下，古人以江南为佳丽地者。[①]

　　所以，当谈及明清饮食时，就不能不谈及江南。

---

① 崔溥：《漂海录》卷之三，朝鲜国王所言亦见同卷，社会科学文献出版社，1992年版。

如日本汉学家指出的那样：若要看一下庖厨之家计筹措，就必须注目于长沙三角洲的地方社会。[1] 而谈及江南，又不能不谈及当时江南的习俗。

自明以来，江南的习俗可以说是"宴席以华侈相尚，拥资则富屋宅，买爵则盛舆服，钲鼓鸣箫用为常乐"[2]。以明清江南濮绸产地濮院镇为例，明万历年间举办的神会就是：

> 结缀罗绮，攒簇珠翠，为抬阁数十座，阁上率用民间娟秀幼稚装扮故事人物，备极巧丽，迎于市中。远近士女走集，一国若狂。[3]

至清代康熙年间更变本加厉：

> 碎翦锦绮，饰以金玉，穷极人间之巧，靡费各

---

① 宫崎市定：《明代苏松地方的士大夫和民众》，载《日本学者研究中国史论著选译》，第 6 卷，中华书局，1993 年版。
② 王道隆：《菇城文献》。
③ 李日华：《味水轩日记》，啸园丛书。

数千金，舸舟万计，男女咸集，费且无算。[①]

一个镇的神会景象就如此美化，其他极力追求美饰的倾向，则不言而喻。人们最热衷的饮食，已发展到相当美的境界。这可从三位讲究饮食的士大夫见其端详：

他们早晨是每人一碗九酝解酲汤，一碟巨胜奴，一碟贵妃红，一碟儿风消，一碟金乳酥，四色点心。吃过早点，又上三杯龙团胜雪茶，三人饮毕，去一号称"目耕"的楼内看些稀有书籍，然后才是进早餐。

早餐羹有剪云羹、冷胆羹，饭有青精饭、月华饭，菜肴有邺中鹿尾、青州蟹黄、白龙臛红虬脯、凤凰胎、逡巡酱……多种多样。三人饱餐后在各处亭台散步。

正午，喝玉叶长春茶，在"卧游轩"内焚起"十里九"和"五枝百濯香"，在袅袅轻香中，三人在轩内观古画。

午后，三人小酌，热了绛雪春、玉露春、竹叶

---

① 《民国濮院志》卷六《风俗》。

◀ （清）佚名 柳荫斗茶图

春、梨花春等名为春的酒喝。还吃真定凤栖梨、安邑骈白枣、西域玳瑁壳、南省赭虹珠、宜都柑、华林栗、五敛子、橄榄糖等果子。三人漫饮清谈，微醺便撤走，散步。

晚餐则上软熊蹯、炙驼峰、羊头签、土步鱼、三脆羹、五珍脍、八仙盘、二色茧等诸般异味。三人用毕，又在"如斯亭"上散坐，抚琴舞剑，然后在"蕉鹿庵"剪烛夜话……①

当然，进入这种境界的美食家是需要条件的。一应有钱，二应有闲，三应有文化。倘若不具备这些条件，只是一般的士子，那就只能像浙江那样——秀才分为两等，一是揽事过钱公门，在饮肆污生涯的，叫作"荤饭"，因终日餍酒肉；一是儒雅萧寒，甘守淡泊殚苦功的，叫作"菜羹"，因其能咬菜根。②

▶（明）汪中 得趣在人册

① 随缘下士：《林兰香》第十八回，春风文艺出版社，1985年版。
② 金埴：《不下带编》卷七，中华书局，1982年版。

　　那么，什么样的人才有资格成为美食家呢？这就需谈及江南流行的隐居在城市里的士大夫，或可称为"市隐"的士人。

　　所谓"市隐"，即缙绅阶层。他们都是些曾博取功名者，但又都是宦运不顺，或中途对官场厌恶、绝望者。于是他们"遂凭自己的爱好专心致志地读书，或热衷于钻研艺术，过着恬静的生活"①。正像日本汉

---

① 宫崎市定：《明代苏松地方的士大夫和民众》，载《日本学者研究中国史论著选译》，第6卷，中华书局，1993年版。

学家所认为的：正是这些"市隐"振兴了江南和中国的文化。而美食家就是从这类人中产生的。

　　高濂、袁枚，都曾做过朝廷的命官。高濂曾任鸿胪寺官，袁枚曾任溧水、江浦、沐阳、江宁等县知县。张岱、李渔虽未中举，也未谋得过官职，但张岱是生长在一个祖父辈均为官僚的仕宦之家，李渔曾为婺州知州的幕客。他们也都属于受官场熏染的人。

　　不管为官还是不为官，高濂、张岱、李渔、袁枚，他们不约而同地选择了"市隐"这条道路。高濂辞官后居住在杭州；张岱一生则浪迹于杭州、苏州、扬州、南京等地；李渔先居杭州，后居南京；袁枚则居住在南京。

闲暇时间只是他们成为美食家的一个客观因素。高濂、张岱、李渔、袁枚成为美食家的一个主要原因就是他们虽为"市隐"，但仍具有优裕生活的厚实基础。扩展来看，当时江南大多数"市隐"生活条件无不优裕——即使素负清名者，其华屋园亭，佳城南亩，也都是揽名胜、连阡陌。尤其有威权的，他们的居住，往往是"报录人多持短棍，从门打入厅堂，窗户尽毁，谓之改换门庭，工匠随行，立刻修整"[①]。

小说则更为形象地反映了这类"市隐"的居住生活条件。一"市隐"家仅一"滟碧池"，"团团约有十亩大，堤上绿槐碧柳，浓荫蔽日，池内红妆翠盖，艳色映人"，"池心中有座亭子，名曰锦云亭。此亭

▶（明）文徵明 山庄客至图（左）

---

① 顾公燮：《消夏闲记摘钞》卷上。

四面皆水，不设桥梁，以采莲舟为渡"，"周围朱栏画槛，翠幔纱窗，荷香馥馥，清风徐徐，水中金鱼戏藻，梁间紫燕寻巢，鸥鹭争飞叶底，鸳鸯对浴岸傍。去那亭中看时，只见藤床湘簟，石榻竹几，瓶中供千叶碧莲，炉内焚百和名香"……

华丽的气派，就连知县也垂涎三尺，以到此一游为荣。在这种优裕的环境中，唤作卢楠的"市隐"，"科头跣足，斜据石榻。面前放一帙古书，手中执着

▲（明）唐寅 秋山高隐图

酒杯。傍边冰盘中，列着金桃雪藕，沉李浮瓜，又有
几味案酒。一个小厮捧壶，一个小厮打扇。他便看几
行书，饮一杯酒，自取其乐"[1]。

高濂、张岱、李渔、袁枚的居住生活条件，若
与之相比，也丝毫不弱。李渔在南京构建了"芥子

_____

[1]　冯梦龙：《醒世恒言》第二九卷，人民文学出版社，1956年
版。

◄（清）袁枚画像

园"，园内遍植花草树木，兼有石、亭、榭、台，园内还有栖云谷、一房山等泉，添幽雅，增奇异，清新诱人。

袁枚在南京也营造了"随园"，其美"一房毕，一房复生，杂以镜光晶莹澄澈，迷于往复，宜行宜坐"，"清流洄洑，竹万竿如绿海"，"宜子夏，琉璃嵌窗，目有雪而坐无风；宜于冬，梅百枝，桂十余丛，明月来影，风来香闻；宜与春秋，长廊相续"。

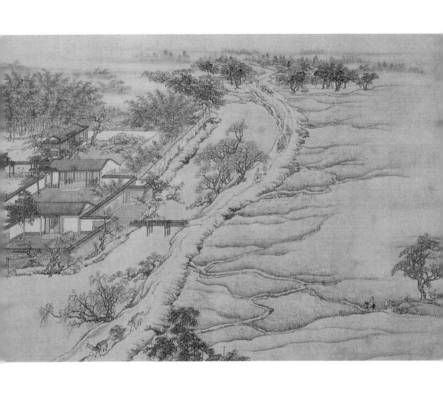

▲（清）袁江 东园图

其妙"因山为垣，临水结屋；亭藏深谷，桥压短堤"……① 生活环境极其美妙，而且这种美妙的生活环境，也是一种富裕的饮食环境。

张岱居处的鱼宕，横亘三百余亩，多种菱芡。小菱像姜芽，可以采食，嫩如莲实，香似建兰，没有什么味道可以与之匹敌。深秋，经霜的橘子，不到个个红绽时，不轻易下剪。冬季观鱼，鱼鲽鳞次栉比，用网捕鱼，寸鲲纤鳞，无不毕出。张岱常约弟弟烹此鲜鱼，剧饮整天才散……②

李渔与袁枚的住处，都是园宅自具。李渔在家乡所建的"伊园"，便有"打果轩"等处。袁枚的"随园"，总面积可达百亩左右，有水田、菜地，水池中"游鱼长一尺，白日跳清波"③。这都显示了李渔、袁枚拥有非常丰足厚实的饮食生活基础。

但这并不等于据此可以成为美食家，只能说具备了成为美食家的一个极其有利的条件。因为缺乏雄厚的物质生活基础，也可依其自身的文化修养，营造出

---

① 麟庆：《鸿雪姻缘图记》第一集《随园访胜》。
② 张岱：《陶庵梦忆》卷七《品山堂鱼宕》。
③ 袁枚：《小仓山房诗文集》卷六《随目杂兴》。

一个悦目、赏心、福口、益身的饮食场景。像沈复所
陶醉的夏日优美图一样：

> 绿树荫浓，水面风来，蝉鸣聒耳，邻老又为制
> 渔竿，与芸垂钓于柳荫深处，日落时登土山，观晚
> 霞夕照，随意联吟，有"兽云吞落日，弓月弹流星"
> 之句。少焉，月印池中，虫声四起，设竹榻于篱下，
> 老妪报酒温饭熟，遂就月光对酌，微醺而饭，浴罢则
> 凉鞋蕉扇，或坐或卧，听邻老谈因果报应事，三鼓归
> 卧，周体清凉，几不知身居城市矣。[①]

沈复美食的事例，生动昭示着成为美食家的关
键：需要具备多方面的、精深的文化修养。

高濂就曾被明代著名文学家屠隆称为"家世藏
书，博学宏通，鉴裁玄朗"。高濂也确实工乐府，善
南曲，一身兼诗人与戏曲家，著有戏剧《节孝记》
《玉簪记》，诗文集《雅尚斋诗草》。在流传下来的高
濂的戏剧中，他所创造出的一片片美的意境，使人心

---

① 沈复：《浮生六记》卷一。

▲（明）文徵明 浒溪草堂图

向往之——

　　[甘州歌]（净）图画天然，看郁葱佳气，凤舞龙蟠。丹崖翠壁，掩映浪花云片，千寻金碧山间寺，几曲笙歌水上船。香尘滚，紫陌连，避秦人住在桃源，穿花外，出柳边，六桥红雨衬金鞯。①

　　这种美的意境，来源于高濂博大深厚的文化底蕴。从其著作《遵生八笺》中的《燕闲清赏笺》就可以看出高濂的文化知识面相当之广：有对古铜器、玉器、漆器、瓷器的辨识；有对藏书、碑帖、图画的赏玩；有对笔墨砚纸的品藻，葵笺、宋笺、松花笺、金银印花笺等纸张的技术，笔格、水注、壁尺、书灯……二十余种精巧文房器具的构造；有对琴乐音律的归纳；有养鹤的要略，有对历代名香的评论，焚香的要领，芙蓉香、玉华香等十二种香的制法，有对瓶花的培养，有对牡丹、兰菊等花卉的种植、治疗及奇花、异竹、盆景的分类诠评……真是无所不容，精

────────────

① 高濂：《玉簪记》第九出《会友》。

彩纷呈，仅凭这些就足以奠定高濂成为美食家的坚实基础。

张岱则表白自己"好精舍，好养婢，好娈童，好鲜衣，好美食，好骏马，好华灯，好烟火，好梨园，好鼓吹，好古董，好花鸟，兼以茶淫橘虐，书蠹诗魔"。

因此，一切游戏娱乐样式——诗词歌赋，书画琴棋，笙箫弦管，蹴鞠弹棋，博陆斗牌，使枪弄棍，射箭走马，挝鼓唱曲，傅粉登场，说书谐谑，拨阮投壶……张岱都能用"匠意"从事，无不琢磨得工巧入神。[①]

张岱家还以藏书三万余卷名闻江南望族。张岱的祖、父辈均博通经史文学，张岱受其影响，写一手好散文，见解独到，充满睿智，语言如行云流水，布局似险峰奇拔，游志肖形，传记若生……取公安、竟陵文采之长，集晚明小品精粹之大成，张岱不愧为中国文学史上杰出的散文大家。

---

① 《张岱诗文集》卷四五《异人传》，上海古籍出版社，1991年版。

李渔则在自己家里组织了一个戏班子。将自己编撰的剧本或将他人的传奇加以改写给自家戏班子排练演出。李渔还担任导演、服装、道具设计、乐队指挥，并创作《风筝误》等十余种剧本。李渔还擅长驾驭其他文体，硕果累累。他著有长篇小说《合锦回文传》、白话短篇小说《十二楼》、文言小说《秦淮健儿传》等，创作了一千四百余首诗词，结为《笠翁诗集》《耐歌词》行世，并写出一百三十余篇《论古》的历史著作。

在艺术方面，李渔的隶书对联，造诣很高。李渔亦是丹青妙手，画有《山水人物四段卷》，气韵不凡。李渔指导编辑了《芥子园画谱》，被画界奉为经典，刻印了《古今尺牍大全》等通俗实用读物。李渔设计、制作的笺简、扇面等工艺品，也极雅致、大方。

在李渔的著述中成就最高的当推《闲情偶寄》，此书包括词曲、演习、声容、居室、器玩、饮馔、种植、颐养八个部分。这八部分包罗了词曲创作、演艺训练、整身治容、居住装饰、书画品评、食物烹调、花木栽植、养生长寿等，互为交融，集中反射出了李

▲（清）李渔 刻套印本书影

炒麝啕蘭未
旦猜芳芳都
讓謝家才隔
簫誤作梅签
嗅郵識香後
詠雪来
竹齋主人

▲（清）李渔 传奇剧本插图

渔借重自然美、讲究意境美等多方面的美的思想。

袁枚生长的文化环境和张岱、李渔大致相同。五六岁即求知，凡有好书，每见必求，九岁已作律诗，十二岁中秀才，二十四岁中进士，入翰林院。多年的学习和仕宦生活，使袁枚练就了很强的文字功夫。

他著有《小仓山房文集》三十五卷、《小仓山房外集》八卷、《小仓山房尺牍》十卷、《随园随笔》二十八卷，文字缜密，抒情浩瀚。《小仓山房诗集》三十七卷，《补遗》二卷，各种体裁诗歌计七千首，才气纵横，佳制迭出。《随园诗话》十六卷，《随园诗话补遗》十卷，独树新帜。提出了诗歌应抒发真性情，要表现个性及对事物独特的艺术感受。袁枚认为：诗人创作须有才气，不可忽视灵感的作用。这种"性灵说"，是对我国古代诗歌创作理论的高度概括和总结，树立了袁枚在文学批评史上开创者的地位，起到了扭转当时诗风的作用，对后来的诗歌创作产生了积极影响。

在《子不语》《续子不语》这部文学志怪小说集中，则全面展示了袁枚广博的知识：稗官野史、里乘趣谈、地震气象、鬼神妖魔、人间百态、寻幽览胜、奇景异事……

所有这些，都是与袁枚长期的、多方面的、深厚的文化修养分不开的。正像袁枚自道："器用则檀梨文梓，雕漆镏金；玩物则晋帖唐碑，商彝夏鼎；图书则青田黄冻，名手雕镂；端砚则蕉叶青花，兼名古款。"袁枚颇为自负地认为自己的这些修养是"大江南北富贵人家所未有"[①]的。

雄厚的、多方面的文化滋养，"天崩地解"般变幻的土壤……培育和造就了高濂、张岱、李渔、袁枚与众不同的思想态度。在他们的言行上有一鲜明的标记，那就是他们均以反传统的面目，或著书立说，或研究求新……开创着前无古人的事业。

张岱憧憬个性解放，要求"纵壑开樊"，解除各种束缚生灵的桎梏，而使"物性自遂"。张岱十分厌恶攻读经书、程朱理学，主张"不读朱注"，提倡独立钻研，"精思静悟"。张岱还把饮食举到"帝王家法"也不能例外的重要地位，这与士大夫通常所尊崇

---

① 袁枚：《小仓山房文集·随园老人遗嘱》。

的"治国平天下"的思想是有所不同的。

李渔则公然宣称自己不以"稗史为末枝",把"稗史"提到与传统诗文同等的地位,这无疑是对士大夫阶层和传统的文字观的一个大胆挑战。李渔还极力倡导"技无大小,贵在能精",并把注意力集中在修容、妆饰等一些士大夫不屑一顾的技艺上,显示出了他不同流俗的用心。

袁枚主张情欲的合理性,反对清教徒式的禁欲观,大胆提出"人欲当处即是天理",毫无顾忌地承认自己好味、好色、好货。这在严密的封建专制堡垒中,犹如一犀利呼啸的飞鸣镝,造成了很大的冲击波。袁枚还鄙夷汉学考据,拒不信佛,这都是与他所处社会的正统观念格格不入的。

高濂、张岱、李渔、袁枚,还有一个更为一致的共同点,那就是他们都喜游历,到处寻胜探幽,足迹几乎遍及全国各地,不断变换自己生活的场景。

如史载不详的高濂,虽在朝廷为官,但弃官就移居到了杭州。从他遗留下的剧作中可以看出,高濂对风光美景是十分熟悉的。

李渔大部分时间是带着自家戏班子旅行,他先后到过北京、陕西、甘肃、山西、广东、广西、福建、浙江、湖北、安徽、河北等地。

袁枚也是经历过许多地方，如广西、陕西、北京，江南更不在话下，特别是在他后半生，一年要有半年时间在外游山玩水……

张岱经常来往于杭州、苏州、扬州、南京等繁华都市，还不时远足于泰山等古迹，投身于风情万种的大自然的怀抱，他常常采取这样的游玩形式：以一人为主要"主持"，备好小船、坐毡、茶点、盏筷、香炉、薪米等，约请游玩的每个人，也要自备一簋、一壶、二小菜。游无定所，出无常期，客无限数。超过六人，便分坐两只船，要是量大，则自携多酿，边吃边玩……

张岱用抒情的笔调对这种游玩方式总结道：

幸生胜地，鞋鞡下饶有山川；喜作闲人，酒席间只谈风月。野航恰受，不逾两三；便榼随行，各携一二。僧上兔下，觞止茗生。谈笑杂以诙谐，陶写赖此丝竹。兴来即出，可趁樵风；日暮辄归，不因刿雪。愿邀同志，用续前游。①

尤其是在秋天，张岱则仿照虎邱中秋曲会，聚朋友去戴山亭。他们携斗酒、五簋、十蔬果、红毡，席地鳞次铺排而坐，甚至随从都有一席坐地。

在席的人可达七百多，能唱歌的百余人，同声唱"澄湘万顷"，声如潮涌，山为雷动。诸酒徒轰饮，酒行如泉。夜深，人饥了，便借山寺斋僧大锅煮饭吃，还有技艺人在山亭演剧，观看人有千余，一直到四鼓方散。

这时，月光泼地如水，人在月中，濯濯像新出浴。夜半，白云冉冉升起在脚下，前山俱失，香炉、鹅鼻、天柱诸峰，仅露髻尖而已，米家山雪景仿佛能看见似的……②

在这种意境中饮食，可是十足的美食了。

明代才子袁中道曾组织结成"酒社"，目的是饮酒不忘品评饮酒者的德量，从而引导更多的士大夫参

---

① 《张岱诗文集》,《琅嬛文集》卷二《记·游山小启》，上海古籍出版社，1991年版。
② 张岱:《陶庵梦忆》卷七《闰中秋》。

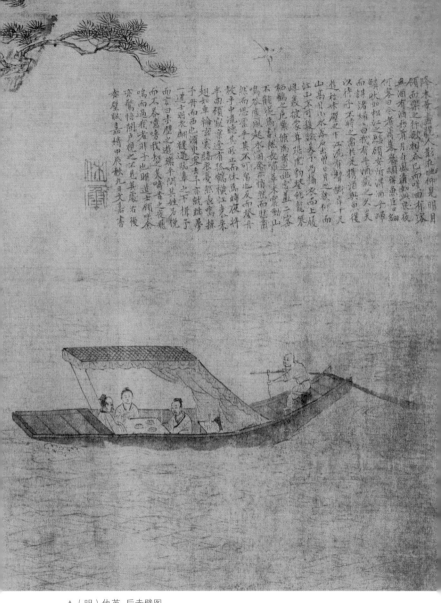

是岁十月之望，步自雪堂，将归于临皋。二客从予过黄泥之坂。霜露既降，木叶尽脱，人影在地，仰见明月，顾而乐之，行歌相答。已而叹曰：“有客无酒，有酒无肴，月白风清，如此良夜何！”客曰：“今者薄暮，举网得鱼，巨口细鳞，状如松江之鲈。顾安所得酒乎？”归而谋诸妇。妇曰：“我有斗酒，藏之久矣，以待子不时之须。”于是携酒与鱼，复游于赤壁之下。江流有声，断岸千尺；山高月小，水落石出。曾日月之几何，而江山不可复识矣。予乃摄衣而上，履巉岩，披蒙茸，踞虎豹，登虬龙，攀栖鹘之危巢，俯冯夷之幽宫。盖二客不能从焉。划然长啸，草木震动，山鸣谷应，风起水涌。予亦悄然而悲，肃然而恐，凛乎其不可留也。反而登舟，放乎中流，听其所止而休焉。时夜将半，四顾寂寥。适有孤鹤，横江东来。翅如车轮，玄裳缟衣，戛然长鸣，掠予舟而西也。须臾客去，予亦就睡。梦一道士，羽衣蹁跹，过临皋之下，揖予而言曰：“赤壁之游乐乎？”问其姓名，俯而不答。“呜呼！噫嘻！我知之矣。畴昔之夜，飞鸣而过我者，非子也邪？”道士顾笑，予亦惊寤。开户视之，不见其处。

赤壁赋 嘉靖甲辰秋九日文嘉书

▲（明）仇英 后赤壁图

▲（清）梁于渭　人物聚会图

与到美的饮食活动中来，以形成美食的群体意识。张岱的祖父张汝霖在杭州组织"饮食社"，专门探讨饮食"正味"，即是一例。张岱、李渔、袁枚，深受这种"结社"的影响，他们在社团活动和酬唱中，引进了饮食活动，十分庄重地将饮食当成一门学问来研究。

如每到十月，张岱便与友人兄弟辈组成"蟹会"吃蟹。这是因为这一"蟹会"吃蟹的依据是：河蟹到十月特别肥，壳大如盘，中坟起，尤其是紫螯巨如拳，小脚肉出，油油像螃蟹一样。掀其壳，膏腻堆积如玉脂珀屑，团结不散，其甘腴味道就是"八珍"也赶不上。

所聚会的"蟹会"中人，一人可分六只蟹，为怕冷腥，便迭番煮着吃。辅食的是肥腊鸭、牛乳酪、如琥珀的醉蚶，用鸭汁煮，如玉般的白菜，水果有谢橘、风栗、风菱，蔬菜有兵坑笋，饮用玉壶冰，饭用新余的粳白米，漱口用兰雪茶……①

这些食物，并非特殊稀奇，都较为常见，但经

----

① 张岱：《陶庵梦忆》卷八《蟹会》。

张岱搭配一处，顿显出美的品味，形成美的氛围。这也是张岱长期烂熟美食于心的结果。张岱曾这样自诩："越中清馋无过余者。"此语并不为过。张岱喜吃的"方物"，多是各地美食，统计起来有：

北京的苹婆果、黄鼠、马牙松，山东的羊肚菜、秋白梨、文官果、甜子，福建的福橘、福橘饼、牛皮糖、红乳腐，江西的青根、丰城脯，山西的天花菜，苏州的带骨泡螺、山楂丁、山楂糕、松子糖、白圆、橄榄脯，嘉兴的马交鱼脯、陶庄黄雀，南京的套樱桃、桃门枣、地栗团、窝笋团、山楂糖，杭州的西瓜、鸡豆子、花下藕、韭芽、玄笋、糖栖蜜橘，萧山的杨梅、莼菜、鸠鸟、青鲫、方柿，诸暨的香狸、樱桃、虎栗，嵊县的蕨粉、细榧、龙游糖，临海的枕头瓜，台州的瓦楞蚶、江瑶柱，浦江的火肉，东阳的南枣，山阴的破塘笋、谢橘、独山菱、河蟹、三江屯蛏、白蛤、江鱼、鲥鱼、里河鰦……①

而且，被孤芳自赏的雅士们看作"俗物"的苹果、枣子、菱藕、佛手、河蟹、火腿、白鲞等，张岱

---

① 张岱：《陶庵梦忆》卷四《方物》。

却偏偏以此为对象，用诗描写成无比的美味，向人们赞扬、推荐：

杭州的花下藕："雪腴岁月色，璧润杂冰光。"绍兴的独山菱角："花擎八月雪，壳卸一江枫。"福建的佛手柑："岳耸春纤指，波皱金粟身。"定海的江瑶柱："柱合珠为母，瑶分玉是雏。"瓜步的河豚："干城二卵滑，白璧十双纤。"金华的火腿："珊瑚同肉软，琥珀并脂明。"……①

绚丽而又逼真的诗句，使人深深陶醉于张岱所营造的美的饮食意境中。让人欣喜的是，从高濂、李渔、袁枚的笔下，也可以寻觅到这种美的饮食意境，从掌故，到营养，读技术，说调摄……他们都用独特的审美观念，对饮食加以观照，从

---

① 《张岱诗文集》,《张子诗粃》卷之四《咏方物二十首》，上海古籍出版社，1991年版。

▲（清）孙温 彩绘红楼梦第三十八回 螃蟹宴

不同的角度引发了人们对饮食美的享受感。

　　高濂将明代以前的美食家典故分类排列，提出见解，认为所有修养保生的有识之人不可以不精美他的饮食。高濂提出美的饮食标准，并不在于奇异珍贵的食品，而是强调生冷的不要吃，粗硬的不要吃，不要勉强地吃饭，不要勉强地饮水。即要在饥饿之前进食，吃得不过分饱；在干渴之前饮水，饮得不过多，包括孔子所说食物久放发臭变味、

◀（明）项圣谟 稻蟹图

166

鱼腐烂肉败坏不要吃等。凡这几方面都损伤胃气，不但招致疾病，也是伤害生命。想要长生不老，这方面要深深警惕，而且也是供养老人侍奉亲长同自己愉快地生活的人所应当知道的。

高濂还在饮食的各方面都实践着自己的唯美主张。他用诗人的想象，巧心设计，化平常食物原料为美食。如用真粉、油饼、芝麻、松子、胡桃、茴香六味拌和，蒸熟，切块，吃起来非常美的"玉灌肺"。将熟芋切片，用杏仁、榧子为末，和面拌酱拖芋片，入油锅煤，就成为香美可人的"酥黄"……在蔬菜制作上，高濂也都是亲手烹制，从而使自己的美食思想渗透其间，引导人们享受做美食的乐趣。①

李渔的饮食观点是通过俭雅来求得肴馔的精美。他吃的蔬菜标准应是清、洁、芳馥、松脆。他崇尚天然美，认为家味逊于野味，不能有香。野味的香，主要是以草木为家而行止自若。李渔注重滋味清淡的鱼鳖虾蟹，做鱼较为典型地反映出了李渔的美食观——

食鱼者首重在鲜，次则及肥，肥而且鲜，就算

---

① 高濂：《遵生八笺》卷十一《饮馔服食笺序古诸论》。

▲ （明）孙克弘 销闲清课图 台北故宫博物院
明晚期文人的闲雅生活方式：会客

是吃到好鱼了。鱼的至味在鲜，而鲜的至味又只在刚
熟离开锅的片刻。李渔还定出能使鱼鲜、肥进出的良
法：蒸鱼。将鱼置在镟内，放入陈酒、酱酒各数盏，
覆以瓜、姜及蕈、笋等鲜物，紧火蒸到极熟。这样就
可以随时早晚，供客咸宜，鲜味也尽在鱼中，并无一
物能入，也无一气可泄。

　　对面食，李渔也追求美食法。他提出了"五香
面"，即酱、醋、椒末、芝麻屑、焯笋或煮蕈、煮虾

的鲜汁为"五香"原料。做时，先用椒末、芝麻屑拌入面中，后用酱、醋及鲜汁和为一处，作拌面的水，勾再用水，拌宜极匀，扩宜极薄，切宜极细，再用滚水下，精粹就都溶入面中了，可任意咀嚼。

李渔的"八珍面"，则使鸡、鱼、虾晒干，与鲜笋、香蕈、芝麻、花椒，共成极细的末，和入面中，与鲜汁合为"八珍"。这也是十分诱人的美食了。①

在高濂、张岱、李渔、袁枚中间，成就最高、集大成者首推袁枚。袁枚对饮食的各方面，都以独特的审美眼光，作出精深的论述。

在袁枚看来，原料的质美是食物美的基础，就好像人的资禀一样。物性不良，就是善烹饪的易牙做，也没有味道。因此，袁枚定出一些食物的标准，突出严格选料的用意。如小炒肉用后臀，鸡用雌才嫩，莼菜用头……

袁枚主张美的食物要注意调剂和搭配。调剂的方法是相物而施，或专用清酱不用盐，或用盐不用酱的搭配是要使清者配清，浓者配浓，柔者配柔，刚者配刚，方有和合之妙。要按一定数量搭配原料，有的味太浓重的食物，只宜独用，不可搭配。

袁枚相当重视色、形的美食性。他认为菜色的美要净若秋云，艳如琥珀。袁枚所提倡的"红煨肉"，就是每一斤肉，用三钱盐、纯酒煨，煨成皆红如琥

---

① 所述李渔饮食观，均出于李渔所著《闲情偶寄·饮馔部·蔬食、谷食、肉食》。

珀。"粉蒸肉"，是用精肥参半的肉，炒米粉成黄色，拌面酱蒸，下用白菜作垫，肉菜均美。

点心的美更是美不胜收。如微宽的、引人入胜的"裙带面"；薄如蝉翼、大若茶盘、柔腻绝伦的"薄饼"；其白如雪、揭起有千层的馒头；凿木为桃、杏、元宝形状，和粉搦成，入木印成的金团；奇形怪状、五色纷披、令人应接不暇的"十景点心"；四边菱花样的"月饼"……

袁枚提出了不必用牙齿和舌头，只用扑鼻而来的芬芳香气来鉴别食物的优劣的方法。这是一种极高的美食标准。据传：袁枚喜欢吃蛙，但不去皮，原因就是只有这样才能脂鲜毕具，原味丝毫不能走。① 可见袁枚心目中的味是自然味道，也就是他说的"一物各献一牲，一碗各成一味"，突出原料的本味，只有这样，才是美味的正宗。

袁枚又对"美食不如美器"作了精彩的阐释，认为饮食器具应弃贵从简求雅丽，该用碗的就用碗，该用盘的就用盘；该用大的就用大的，该用小的就用小

---

① 徐珂：《清稗类钞》第十三册《饮食类》。

顧渚天池吴越所尚中泠惠泉須知火候
一盏風生吴寨罢矣

▲（明）孙克弘 销闲清课图 台北故宫博物院
明晚期文人的闲雅生活方式：烹茗

的。各种各式的器皿，参错有序摆在席上，才会使人觉得更美观。这种大小适宜、错落有致的美器观，显然更加有助于美食，是对传统美食观念的一个很好的总结。

当我们收束对高濂、张岱、李渔、袁枚检阅的目光，再转向整个明清美食家队伍，作一比较时，就会发现明代的袁宏道、屠隆、兰陵笑笑生，清代的冒辟疆、沈复、张英……虽都具有美食家的基础和条件，但较之高濂、张岱、李渔、袁枚，均缺乏他们那种特殊的成为美食家的综合品质。

高濂、张岱、李渔、袁枚，是以诗家的气质鉴尝食物；名家的品味，标新立异；艺家的目光，罗致肴馔；官家的超脱，追求天然；古董家的博采，旅游家的情韵，哲学家的思考，实践家的专注……浑然一体，集于高濂、张岱、李渔、袁枚一身，使他们在繁华的江南，开创了美食的体系。

和同时代的其他美食家相比，高濂、张岱、李渔、袁枚不仅仅满足于对美的饮食的浅尝辄止，而是倾全部心血和精力，将对饮食美的研究和追求，当成一门精深的学问来对待，当成毕生的事业。这正是他们高出同时代其他美食家的地方。作为明清美食的总结者、整理者、革新者、宗主和领袖，高濂、张岱、李渔、袁枚是当之无愧的。

和同时代的其他美食家相比，高濂、张岱、李渔、袁枚的优势和长处，是他们均有美食著述行世，即使他们中间美食理论较为单薄的张岱，也著有《老饕集》这样的佳篇美文。从他记叙的一位精通茶道的闵汶水先生，就可窥其美食观念，文章的大意是：

闵汶水煮茶迅如风雨，其茶室窗明几净，荆溪壶，成宣窑瓷瓯，十余种器皿皆精绝。灯下看茶色，与瓷瓯无别而香气逼人。闵汶水泡茶的水是取自"惠泉"，他是淘井，静夜等新泉到才汲取的。张岱品出闵汶水所泡茶是"罗岕"，香扑烈、味特别浑厚的是春茶，先前煮的是秋采的，博得闵汶水作出了"精赏鉴者无客比"的赞颂……①

张岱所写闵汶水，实则将自己也化入其中，树立了自己经过长期修炼，已达到相当高水准的美食家的形象。高濂、李渔、袁枚，也大致如张岱这样，通过自己的美食著作，率领着同时代的其他美食家，营造出了一个颇为壮丽的明清美食的新天地……

---

① 译自张岱：《陶庵梦忆》卷三《闵老子茶》。

饮食著作

许多"经世致用"的著作，在商业利益的驱使下，在明清纷纷问世。若养生，若饮酒，若食礼，若食疗……这些饮食著作，像明代邝璠的《便民图纂》那样，实用性强，配以图画，对人民树立正确饮食观，起到了积极的作用。可以说，明清饮食著作，开创了中国饮食著作的黄金时代。

专门搜集、整理、记录、编纂饮食及其历史的著作，在明清书籍中间，已成系统，独立出来。

假如将明清饮食著作和前代的饮食著作相比，就好像从一小盆景边走过，来到了一片突起的大园圃，你若漫步其间，定眼花缭乱，目不暇给……据粗略统计，明清的饮食著作占中国古代饮食著作的三分之二还多。

明清的这种饮食著作的蓬勃兴旺，是有其学术渊源和社会的、经济的原因的。

明清之际的学术一个显著特征是：属于经世之学范围的学科受到重视。这是由于社会弊病丛生，学者们已意识到只有反对程朱理学和陆王心学，大力倡明"实学"才有出路。可以这样说，明清学者，几乎无不强调"经世致用"①。

_____

① 李申：《中国古代哲学与自然科学》，中国社会科学出版社，1993年版。

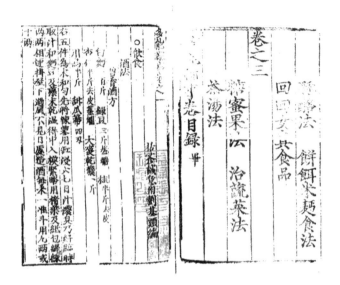

卷之三

〇飲食

酒法

...煮湯法

糖蜜果法　治蔬菜法

...回回交趾食品

...餅餌...麵食法

▲（明）《多能鄙事》书影

隨園食單

隨園藏版

隨園食單序

詩人美周公而曰籩豆有踐惡凡伯而曰彼疏斯粺古
之於飲食也若是重乎他若易牙稱掌書碑隨梅鄉鹽
兩則瑣我言之孟子雖曉飲食之人而又言飢渴未能
得飲食之正可見凡事須求一是處都非易言中庸曰
人莫不飲食也鮮能知味也典論曰一世長者知居處
一世者知服食古人進攡離肺皆有法焉求贊得曰
子與人歌而善必使反之而後和之慎人于一藝之微
其善如是余雅慕此旨每食於某家而飽必
使家廚往彼執弟子之禮四十年來集眾美有

略而言之，他们是：王廷相的"惟实学可以经世"，王艮的"淮南格物"，李贽的"穿衣吃饭即是人伦物理"，杨慎的"求实"训诂，吴廷翰的"物上见得理才方是实"，徐渭的"本色"论，高攀龙的"学问必须躬行实践"，孙奇逢的"生平之学，主于实用"，徐霞客的"向自然索取真知"，陆世仪的"讲求实用为事"，张履祥的以"治生"为目的的"经济之学"，顾炎武的"经世济世"，王夫之的"言必证实"，毛奇龄的崇尚"事功"，李颙的"救世济时"，唐甄的"立国之道"在于"富民"，万斯同、全祖望的"经世"史学，刘献廷的"经济天下"，汪中的"用世之学"，阮元的"实事求是"，魏源的"经世实学"……①

在这样的"实学"思想指导下，明清学者们积极主张一种新的发展国民经济的科学精神，即专注于与国计民生直接相关的生计学问。如戴震对传统观念作出的"人伦日用"的阐述，强调人首要关心的应是日

---

① 陈鼓应等：《明清实学简史》，社会科学文献出版社，1994年版。

用饮食。[①] 而专门搜集、整理、编纂、记录饮食及其历史的著作，就是这样一个丰硕成果。

总体来看，明清饮食著作基本可分为两类。

一类是专门的饮食著作及文学作品中，或夹杂在笔记、类书、文集、档案、方志中的述录饮食的文字。

一类是与饮食有关的、重心在饮食的技术、本草、农业等方面的著作。

专门的饮食著作，以讲究茶叶的书为最多。大约有39种，这还不包括夹杂在笔记、类书、文集、档案，尤其是方志中有关茶叶的述录。[②]

明代的茶书主要有：朱权的《茶谱》，钱椿年的《茶谱》，田艺蘅的《煮泉小品》，徐献忠的《水品》，陆树声的《茶寮记》，徐渭的《煎茶七类》，孙大绶的《茶经水辨》《茶经外集》《茶谱外集》，屠隆的《茶说》，陈师的《茶考》，张源的《茶录》，陈继儒

---

① 赵士孝：《戴震的"日用饮食"辨》，载《徽州师专学报》，1988（3）。

② 朱自振：《中国茶叶历史资料续辑》，东南大学出版社，1991年版。

（明）陆治 竹泉试茗图

的《茶话》，张谦德的《茶经》，许次纾的《茶疏》，程用宾的《茶录》，熊明遇的《罗岕茶记》，罗廪的《茶解》，冯时可的《茶录》，屠本畯的《茗笈》，夏树芳的《茶董》，陈继儒的《茶董补》，龙膺的《蒙史》，徐𤊻的《蔡端明别记》《茗谭》，喻政的《茶集》，高元濬的《茶乘》，闻龙的《茶笺》，周高起的《洞山岕茶笺》，冯可宾的《岕茶笺》，邓志谟的《茶酒争奇》，佚名的《茗笈》。

清代的茶书主要有：陈鉴的《虎丘茶经注补》，刘源长的《茶史》，余怀的《茶史补》，冒襄的《岕茶汇钞》，陆廷灿的《续茶经》，佚名的《茶谱辑解》，程雨亭的《整饬皖茶文牍》。

其他门类的饮食著作，数量远远不及茶书，但却齐全，应有尽有。甚至粥方面也有专著，如清代黄云鹄的《粥谱》。又如，动物方面的代表作，有明代李苏的《见物》，清代李元的《蠕范》；酒方面的代表作，有明代冯时化的《酒史》，清代郎廷极的《胜饮编》；食品发酵方面的代表作，有明代苏化雨的《曲志》；烟草方面的代表作，有清代陈琮的《烟草谱》；等等。

专门的饮食著作，尤为集中在以下几个方面。

海味方面的代表著作：明代有杨慎的《异鱼图赞》，胡世安的《异鱼图赞补》《异鱼赞闰集》，黄省曾的《鱼经》，顾起元的《鱼品》，佚名的《鱼书》，屠本畯的《闽中海错疏》《海味索隐》，丁雄飞的《蟹谱》；清代有褚人获的《续蟹谱》，李调元的《然犀志》，陈鏳的《江南鱼鲜品》，郭柏苍的《海错百一录》，郝懿行的《记海错》，佚名的《官井洋讨鱼秘诀》。

▶（明）王咸 虞山毛氏汲古阁图
在优美环境下印制饮馔之书

　　水果方面的代表著作，约有16部之多[1]，其中荔枝为大宗。明代有徐𤊹的《荔枝谱》，宋珏的《荔枝谱》，曹蕃的《荔枝谱》，邓道协的《荔枝谱》，吴戴鳌的《记荔枝》；清代有陈定国的《荔枝谱》，陈鼎的《荔枝谱》，林嗣环的《荔枝话》，邓广采的《荔枝通谱》。还有谭莹的《赖园橘记》，褚华的《水蜜桃谱》，王逢辰的《檇李谱》。

---

[1]　中国农业科学院、南京农学院：《中国农学史》，第94页，科学出版社，1984年版。

蔬菜方面的代表著作，也有十余部。主要是：明代周文华的《汝南圃史》，王世懋的《学圃杂疏》，赵崡的《植品》，陈诗教的《灌园史》，潘之恒的《广菌谱》，王象晋的《群芳谱》；清代汪灏的《广群芳谱》，汪昂的《日食菜物》，吴林的《吴蕈谱》，高士奇的《北墅抱瓮录》，龚乃保的《冶城蔬谱》。①

需要特别强调的是，明清"蔬菜"范围的著作，有新的大突破，那就是食用植物或称为野菜的著作的兴起，主要有：

明永乐四年，朱橚的《救荒本草》；

明正德、嘉靖年间，王磐的《野菜谱》；

明万历年间，周履靖的《茹草编》，高濂的《野蔌品》；

明天启年间，鲍山的《野菜博录》，屠本畯的《野菜笺》；

明崇祯年间，姚可成的《救荒野谱》；

清顺治九年，顾景星的《野菜赞》。

---

① 李斌：《不断四时供 自然五味俗》，载《中国烹饪》，1994（3）。

这些食用野生植物著作，是从传统的本草学中分化出来的，它使"只含药用植物学意义扩展到包括所有可用作人类食用的植物学意义这一伟大而前所未有的成就"，① 其中，朱橚的首创之功是应记取的——

是他设立了一个私人养植园，对四百余种从田野、沟边和野地收集来的植物进行了实验种植。他亲自从头到尾观察植物生长和发育的全过程。请了专门的画家为每种草木绘图，他自己记述了植物各个可食部分的细节，无论是花、果、根茎、皮还是叶……②

经过朱橚对野生植物的食用性进行的科学验证，数百种野生植物的可食性有了准确的依据。由此也形成了绵延明清研究野生可食植物的著作流派，它们的特点如下：

一是所有对食用野生植物的描述，均来自直接的观察，并用简洁通俗的语言将植物形态描述出来。

二是着眼于临时的救饥，著作中每一种植物，附有一张清楚的图画，使人对所食野生植物一目了然。

---

① 李约瑟、鲁桂珍：《中世纪中国食用植物学家的活动》，载《科学史译丛》，1985（3）。
② 卜同：《救荒本草·序》。

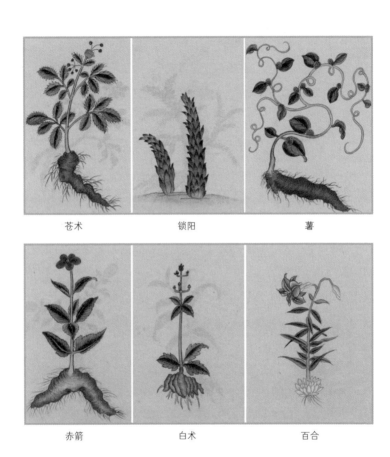

苍术　　　　　　　　锁阳　　　　　　　　薯

赤箭　　　　　　　　白术　　　　　　　　百合

▲（清）佚名　各种可食用植物　药用本草绘本

芋　　　　　　　柑　　　　　　　石榴

土芋　　　　　　橙　　　　　　　橘

三是对野生植物如何消除毒性，如何调食，如何储备，都有具体、明确的方法。

这些可食用的野生植物，帮助无数处在饥荒悬崖边的劳动人民摆脱了死亡的追逐，获得了一个特殊的食物资源……①

次于以上所述的专门饮食著作的是，以烹饪技术、菜肴点心、食疗养生为内容的综合性的饮食著作。

明代的这方面著作，除前述高濂的《遵生八笺》中的《饮馔服食笺》，张岱所写的《老饕集》等，主要有：宋诩《竹屿山房杂部》中的《宋氏尊生部》，韩奕的《易牙遗意》，刘基的《多能鄙事》，龙遵叙的《饮食绅言》，朱权的《神隐》，顾元庆的《云林遗事》，吴禄的《食品集》，邓志谟的《蔬果争奇》。②

清代的这方面著作，除前述李渔的《闲情偶寄》中的《饮馔部》，袁枚的《随园食单》，主要有：朱

---

① 董恺忱：《明代救荒植物著述考析》，载《中国农史》，1983（1）。

② 日本京都大学人文科学研究所藏天启四年刊本。

彝尊的《食宪鸿秘》，童岳荐的《调鼎集》，李化楠的《醒园录》，顾仲的《养小录》，曾懿的《中馈录》，王士雄的《随息居饮食谱》，薛宝辰的《素食说略》，汪日桢的《湖雅》，佚名的《筵款丰馐依样调鼎新录》。

明清比较广泛的饮食著作现象，还有文学作品中所反映出来的明清人民的饮食生活场景和习俗。当然，不能将这样的文字定为纯粹的饮食著作，但是这样的饮食文字所描绘出来的明清人民的饮食风貌，要比任何一种以讲究烹饪技术、食疗养生为内容的专门的饮食著作生动得多，形象得多，丰富得多。

如《金瓶梅词话》，专家们就认为它里面"有各种酒名，茶名，肉食，茶肴以及糕点，可编一本食谱"①。清代的《红楼梦》，则有八十余回这样大的篇幅，展示了点心粥糕、名茶好酒、美味佳肴、盛宴酒会、干鲜食品……什么身份的人，在怎么样的情势下，食用何种食品，对食物的颜色、味道、形状、禁忌以及专用的器皿都娓娓道来……这些饮食状况，完

---

① 朱星：《金瓶梅考证》，百花文艺出版社，1981 年版。

▲（明）刘基像

全可以独立汇成一部清代江南、北京上流社会的饮食习俗之作。

这也就等于，明清的长篇小说，就是一处明清饮食生活习俗的矿藏。诸如《西游记》中某些章节，可当明代十分优秀的素食典型场景看；《儿女英雄传》中某些章节，可当清代满族饮食生活看；《儒林外史》中某些章节，可当明清士人饮食习俗文字看；《醒世姻缘传》中某些章节，可当明清山东中小城市市民饮食生活看……

又如明清白话的、文言的短篇小说中的某一章、某一回，诸如明代冯梦龙的"三言"，凌濛初的"二拍"；清代吴炽昌的《客窗闲话》，长白浩歌子的《萤窗异草》……都可当作明清饮食生活习俗方面的文字看……

明清的戏剧、曲艺、诗词也都有饮食生活习俗的反映，像明代毛晋编的《六十种曲》，清代车王府钞藏曲本《子弟书集》，陈田的《明诗纪事》，张应昌的《清诗铎》……均是这方面的代表作。

还有，将饮食之道化入通俗易懂的《千字文》等样式中，面向广大读者的专门的饮食知识的类书，如将草木蔬果的典故，裁成对语，作为幼学诗赋之资那样，①像《幼学故事琼林》等启蒙书，可树立食礼启蒙的读本典范。

类书中的饮食文字代表作，有明代佚名《墨娥小录》中的"饮馔"部分，郑若庸《类隽》中的《饮食类》部分；清代张英《渊鉴类函》中的《食物部》《菜蔬部》等，高静亭《正音撮要》中的"饮食"部分……

明清笔记中的饮食述录，则千姿百态，各擅胜场。其代表作有明代北京刘侗、于奕正的《帝京景物略》，史玄的《旧京遗事》，与之相对的有清代江南李斗的《扬州画舫录》，顾禄的《桐桥倚棹录》……记录外来玉米、番薯、马铃薯、花生、包头白菜等饮食掌故的，有明代田艺蘅的《留青日札》，姚旅的《露书》；清代周亮工的《闽小记》，揆叙的《隙光亭杂识》……

还有，笔记作者对烹调饮食的真知灼见，层出不

---

① 蒋文彬：《千金裘》卷十六《人部·饮食》，卷二六《物部·草木蔬果》。

穷。像钱泳在《履园丛话》中已将烹调饮食列为"艺能",加以研究论述。如：

> 凡治菜以烹庖得宜为第一义，不在山珍海错之多，鸡猪鱼鸭之富也。庖人善则化臭腐为神奇；庖人不善则变神奇为臭腐。曾宾谷中丞尝言京师善治菜者，独推茅耕亭侍郎家为第一，然每桌所费不过二千钱，咸称美矣至矣。可知取材原不在多寡，只要烹调得宜，便为美馔。

> 随园先生谓治菜始作诗文，各有天分，天分高则随手煎炒，便是佳肴，天分不高虽极意烹庖，不堪下箸。

> 饮食一道如方言，各处不同，只要对口味。口味不对，又如人之情性不合者，不可以一日居也。[①]

如此等等，言简意赅，精意叠现，不愧为美食理论的佳作。

至于数百种明清笔记中，饮食生活习俗更是如落

---

① 钱泳：《履园丛话》十二《艺能》。

賽蒲萄酒　張伴傳

麴棗米汁酒　遠傳

白蔡　些

烏梅　筒

阜衫兒即黑豆醬乾磨碱去　蚶兒即蜜　些少

右用砂鍋或銀器先將衫兒梅卷一處入水熬黑色　肉用皮約一升許

濾去柤方入甜兒和匀再和麴汁調停得所盛瓶中

審封一宿飲之與眞者無異

造菫腐

陳米炊熱飯一碗囫放蒲簍内即便熟也小缸一口

於下向鑽一竅布塞定將蒲簍於缸内入滾湯浸一

宿或半日去寒放出醋矣二醋依法再淋

糟灸豬肥

舞豬肉去皮胃切作二寸長一寸闊半寸以上厚用

砂糖少許醬蘿茴香花椒同擂碎拌勻畧見口便

收若陰乾尤妙用萊油熬熟然後下肉旣下肉便不

要燒火須項自熟

阜角款同

豬肉肥嫩者各自切作肥片每片用鹽淹之須令醎

淡得所花椒蒔蘿同擂不要十分碎就拌肉片畧見

凡做菫腐每黃菫一升入緬菫一合用滷點就其業

時甚是筋勒秘之

▲（明）无名氏　《墨娥小录·饮馔》书影

英缤纷，俯拾即是。

在明清文人的集子中，饮食文字也是连篇累牍，络绎不绝。其中代表作有明代陆容的《菽园杂记》中的"饮食"部分，杨慎的《升庵外集》中的《饮食部》，龙遵叙的《饮食绅言》中的"戒奢侈"等，考据介绍，轶事掌故，士人识食，食物制备……无不列叙有序。

尤其像清代大文豪蒲松龄用《日用俗字》样式所作的饮食韵文，亦庄亦谐，妙语连珠，如烹调技术：

> 皮鲊切细凉堪用，腱子榍来冷不膻。
>
> （鳢）子煤焦真脆美，鹿筋煮熟更滑黏。
>
> 驼峰熊掌称佳味，燕窝猴头待贵官。
>
> 清水洗（剧）鱼脏肚，汁汤浓煮鳖裙襕。
>
> 肉脯还须炑爣烂，猪头妙在熰浸乾。
>
> 燍缁豆腐不上棹，（湦）殷鸡子臭难堪。
>
> 糟味也有几十种，寻常海鲄与蛏蚶。[1]

---

[1] 蒲松龄：《日用俗字》，《蒲松龄集》，上海古籍出版社，1988年版。

蒲松龄文集中的这篇大众饮食文字，不失为明清山东人民的饮食生活习俗的剪影。令人可喜的是学者王尔敏搜集到的清代中后期山东沂水地区一唤作《庄农杂字》的手抄本，其中也有类似的内容：

葱蒜芥末韭，卷心白都干。

秦椒茄子瓠，王瓜老了酸。

生菜曲曲芽，菁苨不稀罕。

萝卜栽畦脊，茼蒿最怕干。

芹菜得早种，辣菜喜晚天。

菠菜共芫荽，窖着过年餐。

扁豆爬箔障，蓖麻在园边。

金针续根菜，椿芽年年扳。

这是山东人民用粗俚土话对自己的饮食生活的总结，可以当成《风土饮食志》看待。

在明清所有方志中，均有彼时彼地的饮食记录。如宁波天一阁所藏明代方志，若物产，若风土，若食货，若蔬果……成为观察明代各地饮食的最直接的窗口。在清代方志中，无论是地方特产还是饮食习俗，记录得更加丰富，更加详细，如《嘉庆松江府志》中的"饮馔之属"，就是其中的代表。

明清档案中的饮食文字，较之方志则远甚，但它专业性强，如明代乾清宫日常饮食档案、清代御茶膳房档案，都完整地记录了明清宫廷饮食的状况，山东孔府档案可以真实地反映出"天下第一家"的贵族饮食生活。而从《明经世文编》《清朝文献通考》中，都可以看到明清社会饮食概貌的一斑……

明清时，称得起是饮食著作的，还有一大类就是与饮食有关的、重心在饮食的技术、本草、农业等方面的著作。

有关饮食技术方面的代表著作，主要有明代宋应星的《天工开物》，和明清之际方以智的《物理小识》。

《天工开物》是一部技术百科全书。全书涉及饮食的部分，有第一卷《乃粒》，第四卷《粹精》，第五卷《作咸》，第六卷《甘嗜》，第十二卷《膏液》，第十七卷《曲蘖》，约占全书的三分之一。

这六卷所谈饮食问题，都是从饮食技术角度而生发的：

《乃粒》着重述录了稻、麦，间及黍、稷、粱、粟、菽（豆类）、麻等各种谷物的种植、栽培技术；

《粹精》叙述的是谷物和加工技术；

《作咸》介绍了海盐、池盐、土盐、崖盐、砂盐等不同种类的盐，以及海盐的制法，盐的性质、储存技术；

《甘嗜》讨论了种甘蔗、制糖及养蜂等技术；

《膏液》主要述论了各种食用和工业用植物油；

《曲蘖》讲述了制曲、酿酒的技术。

明代以前的饮食著作，均未从饮食制造的技术角度谈饮食，而《天工开物》却以六卷的大篇幅，专谈这些被士大夫轻视的饮食的制造技术，正像宋应星在书末自我标榜的那样："书于家食之问堂"，将人民的日常饮食置于一个科学的基础之上，从而使明代的饮食制造技术跃上一个新的高峰，也为清代的饮食制造技术开辟了道路。

尤其是《天工开物》在叙述这些饮食制造的过程时，有多少步骤，也一丝不苟。如《粹精》中的碾稻磨面工序——脱粒、除秕、去糠、过筛及碾磨，然后制出米粒与面粉。对原料的消耗、成品产率和使用率等，也都予以量的分析。如《膏液》中对各种油料出油率都作了非常精确的科学评估。这些对提高人民的饮食生活的质量都是有很大帮助的。

宋应星在《曲蘖》中还介绍了具有独特功能的丹曲的制造，这是有别于宋元以来仅用丹曲治头疮之用的，宋应星着眼于丹曲用于食物保存的作用、消食的作用，为明代的食物发酵工艺作出了特殊的贡献。①

与《天工开物》百科全书式的著作相类似的是明末清初方以智的《物理小识》，此书分十二卷，包括天类、历类、风雷雨旸类、地类、占候类、人身类、医药类、饮食类、草木类……十五大类，数千百条，均与人们的日常生活有关。

《物理小识》卷六的《饮食类》，共一百零七条，但涉及颇广，稻类食品、蔬菜瓜果、烹调营养、卫生禁忌……而且实用性较强。

如《行路不饥渴法》："芝麻、红枣、糯米，正等为末，蜜丸水下，可一日饱。其不渴方：用甘草、薄荷、乌梅、乾葛、盐、白梅各一两，何首乌三两，

---

① 潘吉星：《天工开物校注及研究》，巴蜀书社，1989 年版。

▲（明）宋应星 天工开物卷上·乃粒
有关耕种粮食的技术

木礱　　稻場

白茯苓四两，为末，炼蜜丸之。暄曰：'闽中脚夫末水柳叶止渴'。"

又如，《省柴法》："南京以三芦，炊一顿饭。冯道济言：四两柴可熟，以上闭气，而灶中四围以湿草鞋立之，细柴烧釜脐也，蒸物用少水，坚闭自烂，其焖饭洗米，一碗水，二碗则不必撇汤，但过火而自干矣。"

这些方法通俗易懂，简单便记，对广大粗茶淡饭的百姓阶层是很有现实意义的。而且，方以智对饮食多以物理眼光加以统摄，如"肺煮蟹不红，橙合酱不酸，榧子乳香能软甘蔗，瓜得白梅烂，栗得橄榄香，枣与粟草收，猪脂炒榧子其皮自脱，灯心靡红鳅，煎血入酒糟不出水，胡桃煮臭肉不臭……"其意在张扬一种讲究饮食物理技术的风气。这也是《物理小识》为什么从方以智广博的《通雅》中单独出来，成书飨人的主要原因。

明清与饮食有关的本草著作，数量很多，但内容多相近，可以看出相承的脉络。明代食物本草著作集大成者，质量最高者是姚可成的《食物本草》，李时珍的《本草纲目》。

　　《食物本草》是在诸食物本草著作基础上修订增辑的，它收辑大量可供食用的野菜和治病去疾的野草，还有大量的食饵、补养、调理的食方，并对各种饮食物的产地、种类及制备方法、治疗作用，详尽阐述。如书中介绍的芥菜：

　　冬天吃时叫腊菜，四月吃时叫夏芥。研末泡成芥酱，佐肉吃非常辛香。芥菜味辛，温，久食可以温中，又通肺豁痰，利膈开胃。芥菜嫩心，生切入瓷，泼上滚醋、酱油，汁过半指，封固，等冷了再用，味极香烈，辣窜爽口，为食品一助。或以嫩芥切寸许榨干，用椒、盐、茴香拌和，入瓷泥口待用，气香味美……①

　　《食物本草》另一突出点是对水资源、品性的考察，网罗丰赡，构成精华。其他生克忌宜，四时所调，腌造炊煎，制酿烹饪，其丰富性也是任何一本食物本草著作都不具备的。特别是《食物本草》撷取了

① 姚可成：补辑《食物本草·菜部·荤辛类·芥菜》。

历代经史子集、方志舆地、稗记小说类内容，更增强了知识性、文学性和可读性。

李时珍的《本草纲目》，涉及饮食方面也十分广泛，它包括草类植物六百一十种，粮食作物四十四种，蔬菜一百零五种，家野瓜果植物一百二十六种，木本植物一百八十种，还包括七十三种昆虫，七十七种飞禽，八十四种畜兽，一百三十九种水族及水陆两栖动物。

李时珍对这些与饮食有关的植物、动物、食物的品性、功能及其适应症状，都予说明，而且记载了命名、产地、形态、栽培、采制和性理。每种植物、动物、食物之下，多列释名、集解、修治、气味、主治、发明、正误和附方，如蒸饼一例：

集解：（时珍曰）小麦而修治食品甚多，惟蒸饼其来最古，是酵糟发成单面所造，丸药所须，且能治疗，而本草不载，亦一缺也。惟腊月及寒食日蒸之，至皮裂，去皮悬之风干。临时以水浸胀，擂烂滤过，利脾胃及三焦药，甚易消化。且面已过性，不助湿热。其以果菜、油腻诸物为馅者，不堪入药。

气味：甘，平，无毒。

主治：消食，养脾胃，温中化滞，益气和血，止汗，利三焦，通水道。

《本草纲目》正如李时珍自称的那样："虽命医书，实该物理。"它不是单纯的药书，而是具有博物意义，尤其是对饮食有益、有作用的百科全书。

清代与饮食有关的本草代表著作，有赵学敏的《本草纲目拾遗》，吴其濬的《植物名实图考长编》《植物名实图考》。

这三部著作的共同特征，是延续《本草纲目》的体例并有所拓展。如赵学敏的《本草纲目拾遗》，分水、火、土、金、石、草、木、藤、花、果、谷、蔬、器用、禽、兽、鳞、介、虫等十八类，这比《本草纲目》多两类，使本草体系更加完善。对《本草纲目》错误与缺遗也进行了订正和补充。有七百一十六种植物是《本草纲目》未收的，特别是像"火腿"这样新的食物品种，制法细致、翔实，对提高人民的肉食质量具有很大的作用。

吴其濬则以讲究科学的态度，纠正了前代本草著作的若干错误。他在"冬葵"条中批评了李时珍将当时人们已不喜食用的冬葵，从菜部移入隰草类是错误的，并指出冬葵为百菜之主，直至清代在江西、湖南民间仍栽培食用，湖南称冬寒菜，江西称蕲菜，因此吴其濬又将冬葵列入菜部。①

吴其濬的本草著作还以丰富著称，《植物名实图考长编》收八百三十八种植物，分谷类、蔬类、山草、石草、隰草、蔓草、芳草、水草、毒草、果类、木类等十一目。《植物名实图考》分十二类，收一千七百一十四种植物，比《本草纲目》多五百一十九种。而且所述植物形态、颜色、性味、用途、产地，一清二楚，并附精确细微的图画。从而使人们食用植物的范围更加扩大，功效更加科学，使更多的植物发挥出了食用的实际价值。

明清农业之书与饮食关系最为密切，代表著作有明代徐光启的《农政全书》，邝璠的《便民图纂》，戴羲的《养余月令》；清代鄂尔泰等编《授时通考》，

① 刘昌芝、吴其濬：《中国古代科学家传记》，第1167页，科学出版社，1993年版。

丁宜曾的《农圃便览》,《重订增补陶朱公致富全书》等。

《农政全书》与《授时通考》均为大型农书,不同的是《农政全书》是徐光启一人主撰,《授时通考》是由鄂尔泰等人奉敕修撰的。它们共同的特点都是以大田生产为中心,因此兼涉了农民的日常饮食。

如《授时通考》的《农余》就专门记载了大田以外的蔬菜、果树、畜牧等副业,这当然是农民饮食的最为主要的内容。又如《农政全书》的《树艺》《牧养》《制造》部分,其中有徐光启总结历代的文献,还有明代当时的文献编撰而成,也有徐光启自己的总结。无论哪一种,都与农民的饮食生活紧紧相连。如"大麦酢法":

在屋里近门里边置一瓮,一般是一石小麦,三石水,细选一石大麦,不用作米则科丽,是以用造。簸讫,淘尽,炊作再馏饭,急速频频搅拌,再下酿,用杷搅,绵幕瓮口。两天便发,发时数搅,不搅则生白醭,生白醭不好,用棘子彻底搅。六七天净淘五升米,不用过细,炊作再馏饭。三四天看水消,搅尝,

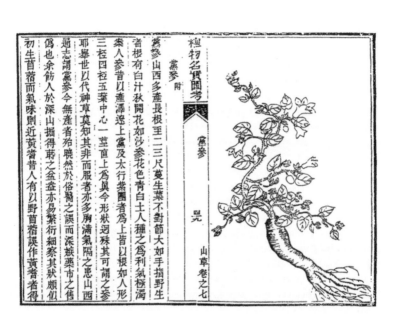

党参附

党参

异

山草卷之七

党參山西多產長根至一二三尺蔓生葉不對節大如手指野生
者根有白汁秋開花如沙參花色青白土人種之爲利氣極濁
宗人參昔以產澤遼上黨及太行紫團者爲上皆以根如人形
三椏四桱五葉中心一莖直上爲眞今形狀釷殊其可謂之參
耶舉世以代神草莫知其非而服者亦多胸滿氣隔之患山西
通志謂黨參今無產者殆然於俗醫之誤而深嫉藥市之售
僞也余飭人於深山掘得蒔之盆盎亦易繁衍細察其狀頗似
初生苜蓿而氣味則近黃耆昔人有以野苜蓿誤作黃耆者得

▲（清）吳其濬 党參圖

▲（明）徐光启像

味甘美就行，若苦，更炊三二升粟米放入。以意斟量。二七日可食，三七日好熟，香美淳酽，一盏醋和一碗水，才可以吃……①

还有"淡黄蘖煮粥法""辟谷方""食草木叶法""食生黄豆法"……制法极其简单，实际效果显著。都是着眼于解决人们的日常饮食问题。如"服白滚水法"：徐光启认为水经百滚煎熬，也能补人。因为他曾在严陵看见枯坐深崖的衲僧，每天煎服数碗沸水，再食数枚枣子、一点芝麻，就可度过好多天。②而《授时通考》也贯穿着这样的为农民提供饮食生计的准则，从这个角度上说，这两部农书也是农民的饮食之书。

明代的另一部农书《便民图纂》，也是完全适应农民日常应用的，涉及饮食很多，也很精彩，如烹调、脯腊、腌渍、乳制品、酒、醋、酱等食品制造加工技术，门类齐全，十分高超。尤其是干鲜食物和

---

① 徐光启：《农政全书》卷之四二《制造》。
② 徐光启：《农政全书》卷之四五《荒政》。

食物储藏方法，独具特色，创新纷纭。《便民图纂》食疗之法也非常丰富，多达二百五十剂，实用性都很强。

《农圃便览》与《便民图纂》性质相类似。作者丁宜曾虽是在所居山东日照撰写这部书，但却是按照农民家庭生活百科全书的模式来进行的。其中有很多篇幅涉及食品制造和储存、烹调技术、养生之道、蔬菜和瓜果的种植等。

书中数量最多的是食品制造和储存，像蔬菜类：霉干菜、腌香椿芽、晒臭棘芽、腌白菜、黑腌菜、嫩蒜薹、蒸蒜薹、蒜薹干、水晶蒜、糖醋蒜、水萝卜、煨笋、煮笋、糖笋、盐笋干、番瓜干、腌黄瓜、腌韭花、甜酱瓜、糖醋瓜、瓜丁、糖醋茄、鹌鹑茄、芥末茄、茄干、茄齑、食香瓜、瓜齑、蜜煎藕、糖煎藕、酱茄、腌韭、酸菜、糟白菜、大头菜、辣菜、芥脯、芥齑、萝卜干、淡芥菜、脆白菜、淡银菜、三色菜、糖醋萝卜等。

菜肴、点心类的制法也有不少。仅鸡的制作就有鸡瓜、撺鸡、脍鸡、炉鸡、烧鸡、鸡松等品种。如"脍鸡"是将肥鸡生切厚片，加香油、酱油入锅炒熟，

上簇

竹枝词

蚕上山時透體明吐
絲做繭自
經營做得
繭多齊唱
采一春勞
績一朝成

▲（明）《便民图纂》书影

再将鸡骨煮汤浸入，用"文火"煮滚，再放粉皮、笋片、香蕈、白果、栗子、核桃仁、葱、姜煮熟，临盛时，用黄酒调少量粉团，入锅搅匀。

这样的烹调、食品制作加工，就地取材，制法简单，可以推广，极易仿效，完全可以使农民将它当作一年四季日常饮食的教科书来看待。

明代戴羲的《养余月令》，是将农家一年间例行的活动，分为测候、经作、芸种、烹制、调摄、栽博、药饵、收采、畜牧、避忌十类，基本是从已刊的著作中摘录而成。"烹制"部分，多达一百九十七条，编排清楚，对人们的日常饮食是有指导意义的。

清代的《重订增补陶朱公致富奇书》，内容包括谷、蔬、木果花药、畜牧占候等内容，知识虽多为前人著述，但选录却较为扼要准确，其中《服食方》部分，实用价值较高。

这两本农书，可为明清农书中总结前代和当代饮食经验的代表。

养生

饮食是用来卫护人的生命，粗率不讲法度就有可能损害人的健康。(顾仲:《养小录·序》)所以，养生的道理不可不知。(于慎行:《谷山笔麈》卷十六)这一见解在明清时期已成为社会的共识。

对于饮食和生理、病理的关系，明清时期人们无不原原本本，辨其性的刚柔燥湿与应用的损益斟酌，条分缕析，十分清楚，因而给饮食保健、饮食医疗指明了方向。

明清时期，人们对食物养生健身的属性和作用，有了更深入的认识。几乎每一种能够找到的食物的属性和作用，都被搜罗归纳出来，给予理论的概括和说明——

辛味食物的解表、行气、通阳、消风；

甘味食物的滋养、止痛、润肠、矫味；

酸味食物的生津、收敛消食、止泻；

苦味食物的清热、泻火、解毒；

咸味食物的轻坚、散结、化痰、调味……

明清养生理论可以说日臻成熟，雄厚的基础已构筑成。

人应该怎样从食物中摄取营养以养生？明代人在传统养生学的基础上，明确归纳出了——

　　麦养肝，黍养心，稗养脾，稻养肺，豆养肾，以五谷养五脏。

　　李助肝，杏助心，枣助脾，桃助肺，栗助肾，以五果助五脏。

　　鸡补肝，羊补心，牛补脾，犬补肺，猪补肾，以五畜益五脏。

　　葵利肝，藿利心，薤利脾，葱利肺，韭利肾，以五菜充五脏。[①]

　　明代的这一养生经验的总结，是符合科学的饮食营养道理的。谷果畜菜，养助益充，都归结到人的五

---

① 姚可成补辑：《食物本草》卷二二《摄生所要》。

脏。这是因为五脏起着接受食物滋养全身的作用。人的五脏若强，抵抗力就强，就不会发生疾病而能长寿。

以"五谷养五脏"为例。养心的黍米、养肝的大麦，都含有脂肪、蛋白质、淀粉、还原糖、转化糖酶、卵磷脂、糊精、麦芽糖、葡萄糖等；养脾的高粱米含灰分、粗纤维、粗蛋白淀粉、油、脂肪酸等；养肺的糯米，含有蛋白质、脂肪、钙、磷等；养肾的黑豆，含有脂肪、蛋白质、碳水化合物、烟碱酸等。"五谷"所含的这些营养素，都是人养生所必需的。

果实的养生作用也很大，例如，莲子，经常吃，可以轻身耐老。藕，热吃，可以补五脏，实下焦，与蜜同吃，可以使腹脏肥，不生虫，经常吃，可以轻身耐老，若用藕节煎浓汤喝，最能散血，吐血虚劳的人应该多吃；枣，熟吃可以补脾；松子，可以润燥明目，经常吃轻身不老；龙眼，可以安神补血，经常吃轻身不老，和当归浸酒饮养血；荔枝，可以通神健气，美颜色；榧子，能消谷，助筋骨，杀诸虫，疗诸疮，润肺止咳；榛子，可以益气力，宽肠胃，又能健行；荸荠，能消食除满；山药，凉吃可以补肺，经常吃强阴，耳目聪明，延年。①

　　明清养生家还注意运用动物食物、植物食物来填补精髓，补益气血。如用猪脊髓，补髓养阴；猪蹄爪，填肾精，健腰脚；羊骨髓，补诸虚，调养，填髓。②还指明木耳主益气不饥的作用，③这是非常符合养生科学的，因为木耳含有蛋白质、脂肪、糖、灰分，灰分中含磷、铁、钙、胡萝卜素、硫胺素、核黄素、尼克酸等多种营养成分。

　　在食物养生过程中，明清养生家还强调服食的原则。如"俭服食以养生"④，因为香甘肥腻，虽然悦口，但不宜于肠胃。⑤所以不要"美饮食、养胃气"⑥，即饮食必须适合胃气。清代名医叶天士将其概括为"食物自适"四个字，意思是说食物的选择，必须适合人的口味，而且吃下去，胃中感到很舒服。⑦

---

① 费伯雄：《食鉴本草·果类》。
② 王士雄：《随息居饮食谱·毛羽类》。
③ 姚可成补辑：《食物本草》卷七《菜部·木耳》。
④ 王象晋：《葆生要览》，《清寤斋心赏编》。
⑤ 张英：《文端集》卷四《五聪训斋语》。
⑥ 沈金鳌：《沈氏尊生书》卷二五。
⑦ 孟景春：《饮食养生》，江苏科学技术出版社，1994年版。

也就是明清养生家们认为的：用饮食来调节，^①以免损脾伤胃。^②

明清善于养生者，是深谙这一点的。清代的韩桂龄尚书赋闲在家时，每当"消寒会"聚餐时，必坚持四个字为准：一是早，二是烂，三是热，四是少。梁章钜赋诗记录过，并且回忆起与之相仿佛的，明代朗瑛所说过的：食烂则易于咀嚼，热则不失香味，洁则动其食兴，少则不至厌饫^③……

这与明代另一"养生妙法"：软饭养胃，烂肉养人，少酒养血，独宿养神，^④实为一脉同源。其出发点均是保护"五脏之宗"的脾胃，使之不受损害，以能更好地保护旺盛的机能，充分供应人体所需营养。

为此，明清养生家还特别注意五味的平衡。认为调谐五脏，流通精神，全赖酌量五味，约省酒食，使之不过。^⑤人摄入饮食时绝不可偏，也就是说：

---

① 李梴：《医学入门·保养说》。
② 费伯雄：《医醇剩义》，《费氏全集》。
③ 沈映钤：《退庵随笔》，《会稽徐氏铸学斋丛书》。
④ 田艺蘅：《留青日札》卷二六《养生妙法》。
⑤ 陈继儒：《养生肤语》，《学海类编》。

▲（清）武强年画 九九消寒图

"食之不节，必至亏损。"①

在这方面，明末清初的黄周星以讲叙某公"善治生"的事，又作一生动阐述：这是一位"某公"，因他每次去买肉，都不得逾四两，因此人们用"小半斤"称呼他。黄周星认为这是"善治生"的盛德事情，不可不传，所以就用诗歌体裁的歌谣加以叙述。

市肉市肉，震惊神人。乃公终身不饮酒，穷年不茹荤，今朝胡为忽市肉。咄咄怪事，畴可比伦。

市肉市肉，爰聚童仆。左手提衡，右手启椟。有铜如金，有钱如琛。把授童仆，不觉掩泪酸心。

童仆受钱，愕眙相视。长跪请命，市肉宁几。童曰一斤，公怒欲捶；仆曰半斤，怒犹不已。童仆惶恐，莫测公旨。

匍匐再请，听公何云，徐伸四指，曰小半斤。小半斤者，半斤之半。半而又半，禄已踰算。

仆乃前行，公尾其后，侧身蹑足，潜伏闾右。仆诣肉肆，钱付屠手。屠方鼓刀，公突而前，曰：

_____

① 冷谦：《修龄要旨》，《道藏精华录》第三集。

"此我之肉，尔无我脧。"屠曰："公肉，敢不腆焉？"一增再增，肉重于权，名小半斤，不啻六两。公挟仆归，大喜过望。

肉已至家，仆欲持去。公曰："无遽，谈何容易，此肉我当细区分，安得苍皇暴殄等儿戏。为我呼爨婢来前，此肉谨付汝，汝其善煎烹，一为干豆荐祖考，二为宾客饷师生，三为君庖餍我口，饫我腹，吾与妻妾子女共咀嚼，下及汝曹俱彭亨。猫鼠不得窃，犬豕不得争，余渖满注缶，轹釜须令戛戛鸣。珍重小半斤，此肉良匪轻。"

从歌谣立意看，黄周星是揭露"某公"的吝啬。他让童仆去买肉，却"不觉掩泪酸心"，童仆很惶恐，问他应该怎样买肉？"某公"说出了一些模棱两可的话："小半斤，小半斤者，半斤之半，半而又半。"

童仆领意而去肉店，"某公"不放心，侧身蹑足，潜伏肉店附近，当屠手切肉，"某公"突然向前，与屠手讲价，一增再增，虽只称小半斤，实际已有六两。于是，他才领着仆人归家，大喜过望。

黄周星借歌谣调侃、揶揄"某公"，"我当细区分"这"小半斤肉"，一要为祭祖，二要为宴宾客，三才为饫其腹，与妻妾子女共咀嚼。但字里行间却由于充满了"某公"善于节制肉食，注意食肉的搭配的描写，"珍重小半斤，此肉良匪轻"，而使"某公"主张适量食肉养生的形象栩栩如生。①

事实也的确如此，吃入含有丰富脂肪的食物，肠肉厌氧菌的比例会显著增高。而一旦肉食缺乏节制，其后果是不言自明的。从营养学的角度来看，黄周星的这些主张是有可取之处的，而且有很强的针对性。因为明清之际，社会上嗜食猪肉是很甚的。

其主要的一个源头就是满族人将自己喜食猪肉的习俗带入中原，吃猪肉被奉为"国俗"，被尊为"大典"。一时间，贵族以嗜肉而标榜，致使猪肉消费特别多。而吃猪肉缺乏限量，这对养生是很不利的。

因为多食伤脾，②饱则伤神，③饮食有节，才能

---

① 黄周星：《小半斤谣》，《檀几丛书》余集。
② 俞樾：《春在堂随笔》卷六。
③ 沈仕：《摄生要录》，《居家必备》。

"脾土不泄";淡泊寡欲,才能"肾水自足"①。这
是养生最为基本的。要达到这一点,除了好吃的不
多吃外,②还需实行以素食为主的养生方式。所谓素
食,主要是蔬菜和豆制食品。由于蔬菜和豆制食品
都清淡,据此明清人提出了"每三日一斋素,可以
养生"③。

　　明清时期,人们对素食的认识可概括为:即使是
一般蔬菜做成的素席,吃起来也完全可以胜似那些用
肉类做的美馔佳肴。浓郁的菜香使齿牙芬芳,爽洁的
味道使肠胃为之一清。味道可口而又没有腥膻气,既
提供了清爽适口的食品,又可以保养身体。④

　　人们已不满足于到深林中去采集那大如银盘的生
菌来烹食,⑤或是将大白菜用香油炒过,加酱油、陈
醋焖烂,只求浓厚爽口,而是"把那上好的素菜,其
性滋润者,蒸熟捣烂,干燥者,炙炒磨粉,加以酥

① 金武祥:《粟香随笔》卷六。
② 赵翼:《檐曝杂记》卷六。
③ 莫是龙:《笔塵》,《奇晋斋丛书》。
④ 薛宝辰:《素食说略·自序》。
⑤ 王培荀:《乡园忆旧录》卷八。

油、酒酿、白蜜、苏合、沉香之类，搜和调匀，做成熊掌、驼峰、象鼻、猩唇，各项珍馐样式。再雕双合印版几副，印出小鹿、小牛、小羊与香獐、竹鼬及鸡鹅、鲥鲈、虾蟹、璅琲、雉雀、毣毛莺的形象，每盘一品，悉系囫囵的。又将榛松、榄仁、蜜望、荔枝、核桃、波萝蜜、苹婆果、落花参等物，亦照此法，制为鸟兽之状，再于彻后用之，省得滋味雷同"①。

明清的人已深深领悟到：五味淡薄，可以使人气清、神爽、少病。②蔬食菜羹，欢然一饱，可以延年。③因此，素食在明清时期十分普遍。平常百姓专买腐皮、面筋之类，"做假肉、假鸡、假猪肠、假排骨、假鸡蛋、假鹅头"等素食吃。④

人们还将芝麻捣烂去滓，放入绿豆、真粉煮熟，置瓦缶中，待冷凝成膏，用油、盐、椒、姜、蔬菜调煮成麻腐，用来利肠胃，解热毒，滋益精髓。

---

① 吕熊：《女仙外史》，第三一回，上海古籍出版社，1991年版。
② 杜巽才：《霞外杂俎》，《顾氏明朝四十家小说》。
③ 高濂：《遵生八笺》卷十《延年却病笺·下》。
④ 西周生：《醒世姻缘传》第八八回，上海古籍出版社，1981年版。

还用绿豆、真粉水调，稠薄所得，每次用一点放锡镟内，少顷便成，或同青菜、姜、笋、酱、油共煮，此为粉皮。可清热解毒，调和五脏，安养精神，润泽肌肤。

用绿豆粉搓线下汤煮熟的索粉，可滋腑，益肠胃，凉血，解诸毒，凉大肠，止下血。用绿豆水浸去壳，和水磨细，煎成饼饵，椒、盐、油炒食的豆炙，可主益元气，利三焦，和脾胃，能利诸热，通小便。[1] 素食中，人们兴趣比较大的是豆腐。即使到酒楼，伙计送上来的菜肴也多是"一碟豆腐干、一碟豆腐皮、一碟酱豆腐、一碟糟豆腐。总之，拿了半天，没有一样荤菜"[2]。

豆腐大受青睐的主要原因是豆腐"味甘平。宽中益气和脾胃，下大肠浊气，消胀满"[3]。从现代营养价值分析，豆腐的蛋白质含量高，质量好，豆腐所含蛋白质中的氨基酸比例，与肉类蛋白质中的氨基酸比例

① 姚可成补辑：《食物本草》卷之五《炊蒸类》。
② 李汝珍：《镜花缘》，第二三回，人民文学出版社，1979年版。
③ 宁原：《食鉴本草》，《格致丛书》。

▲（清）佚名 卖豆腐 外销画

很接近，含钙量也高，而且豆腐不含胆固醇，常食豆腐可以起到降低胆固醇的作用。

明清时期未必能够产生以上如此科学的理论，但是豆腐所具有的清热益血，养脾保胃的独特营养价值和作用，还是被人们所普遍认识和接受的。明清时期，豆腐已是处处能造，贫富皆宜，被人称作素食中

▲（清）佚名　卖豆腐脑　外销画

的"广大教主"，也能加入荤馔吃。[①]

　　像豆腐浆、豆腐衣、香豆腐干、臭豆腐干、豆腐干丝等，[②] 是最为平常的豆腐品种，人们已能以豆腐为原料，做出数十种乃至上百种菜肴来养生享用。其常见的有：

[①]　王士雄：《随息居饮食谱》蔬食类第四《豆腐》。

[②]《南汇县续志》卷二十《物产·下》，民国十七年修刊本。

做成象形的豆腐菜，如鲫鳞豆腐、发丝豆腐，或以水果命名，如桃儿豆腐；或以花卉命名，如牡丹豆腐；或取某种菜肴神韵，如芹香豆腐；或加入调味品，如糟油豆腐、虾油豆腐；或以烹调技法取悦，如烹熘豆腐、什锦豆腐；或专注儿童口味，如孩食豆腐……①

利用各种材料和各种技巧制作豆腐，使明清时期豆腐养生样式达到了极致。以至有人将豆腐比喻成自己的性命。②这一笑话极大地吊起了人们吃豆腐的胃口。而自明代起就流传的"若要富，牵水磨"的谚语，则从另一个方面对人们迷恋豆腐，也是对素食养生迫切需求的情绪所作出的生动注脚。

从豆腐养生的视角，再转向明清养生的总体观看，恍如从一条青翠可爱的散步小径，踏上一片林木疏朗、错落有致的森林，领略到了明清养生的透彻思维、研究精当的芳泽——

① 参见佚名：《筵款丰馐依样调鼎新录》下册《粗肴类》。
② 浮白主人：《笑林》，《破愁一夕话》。

春三月。万物发萌，人有宿疾，春气攻动。在这三月中，不要多吃酸味，减酸以养脾气，宜常食新韭，会大大受益。

夏三月。暑气酷烈，心火焚炽于内。在这三月间，不要多吃苦味，减苦以养肺气。虽大热，不要吃冻水、冷粉、冷粥，不要吃煎炒炙煿的食物，以助热毒。要多喝乌梅汤解暑。

秋三月。秋风虽爽，万物凋伤。在这三月里，要顺时调摄。不要多吃辛味，减辛以养肝气。不要吃生冷食物，以防痢疾。

冬三月。当闭精养神，以厚敛藏。在冬三月，不要多吃咸味，减咸以养心气。可多喝赤小豆粥。[①]

在养生家看来，人食的五味都源于自然，自然界有四时的变化。因而，人的饮食要受自然四时的制约，讲求一定的季节性。这就需要人根据天时的变化，选择不同属性的食品进食以养生。为此，养生家归纳了更为细致的，一年十二个月份应怎样养生的措

---

① 徐文弼：《寿世传真·修养宜四时调理·第五》。

施——

正月，肾气受病，肺气弱，宜减酸增辛，助肾补肺，养胃气。

二月，肾微肝旺，宜戒酸增辛，助肾补肝。

三月，肾气已息，心气渐，水气正旺，宜减甘增辛，补精益气。

四月，肝脏已病，心脏渐壮，宜增酸减苦，补肾助肝，调养胃气。

五月，肝脏气休，心火旺相，宜减酸增苦，益肝补肾，固精气。

六月，阴气内伏，暑毒外蒸，纵意当风食冷，因此人多暴泄，饮食要温软，不能太饱。要经常喝粟米温汤，豆蔻热水。

七月，肾心少气，肺金初旺，应增咸减辛，助气补筋，以养脾胃。

八月，心脏气微，肺金正旺，应减苦增辛，助筋补血，养心肝脾胃。

九月，阳气衰，阴气盛，忌风伤人，无恣醉饱，应减苦增甘，补肝益肾，助脾胃，养元和。

十月，心肺气弱，肾气强盛，应减辛增苦，养肾气以助筋力。

十一月，肾气正旺，心肺衰微，应增苦绝咸。

十二月，宜减甘增苦，补心助肺，调理肾脏。[①]

这只是明清养生家从总的方面构筑的养生理论基础，至于采取什么样的方式进食、什么食物应该吃、什么食物不应该吃等宜忌，明清养生家的态度是相当具体、相当慎重、相当严密的，形成了一整套十分清楚、有益的养生规律。

明代人认为饮食应有次序，可食物有益，不可食物必有损。损宜永断，益乃恒服。每天早晨吃少量淡水粥或胡麻粥，对人理脾非常有好处。日中吃淡面馎饦及饼最好，宁可饿，也不要饱，饱伤心气，尤其难行。凡是热面萝卜椒姜羹，切忌。咸酸辛物，宜渐节制。每吃完须呵出口中食毒浊气，永远无患。服气之人，肠胃虚净生冷，酸滑、黏腻、陈硬、腐败、难

---

① 笔者根据沈李龙《食物本草会纂·日用家钞》排列。

內境圖

一粒粟中藏世界

泥丸宮

昇陽府

九峯山

白頭老子眉垂地

夾脊雙關透頂門

修行徑路此為根

玉京上闕

尾閭之穴

法藏宗

首腦

任脈

絳宮當清口大海
白毛嶺總五周圓
眉間宮放白毫光
往誠眾生輕柳絮

肺神名皓華字虛成

肝神名龍煙目含明

膽神名龍曜字威明

心神

脾神

我家專種自家田
可育蠶苗萬年
苗活萬年花似金蕊不謝
大子如玉粒果皆圓
金栽培全籍中宮土
灌溉須憑上谷泉
是逢蓬萊大雁仙
叡果有朝一日功行滿便

鐵牛耕地種金錢
刻石兒童把貫串
半升鐺內煮山川
老子眉垂胡僧手
把天若問向玄中玄會得此
玄玄外更玄玄

陰陽玄牝車

消的食物，不能吃。①

　　清代人进一步提出善养生的，饮食应该有"法诀"立存。如先饥而食，食不过饱，若过饱，则损气而脾劳；先渴而饮，饮不过多，若过多，则损血而胃胀。早饭宜早，中饭宜饱，晚饭宜少。食后，不可便怒；怒后，不可便食，这是调和的大旨。

　　吃食的方法是：未食时，先饮一二口茶，次食淡饭三二口，再和菜味同食。大略饭食宜多，肉蔬杂味宜少。食宜早些，不可迟晚；食宜缓些，不宜粗速；食宜八九分，不宜过饱；食宜和淡，不可厚味；食宜温暖，不可寒冷；食宜软烂，不可坚硬。食毕，再饮茶三二口漱口，令口齿洁净。再慢慢走百余步，或数十步，这是吃食的主要方法。②

　　这都是强调进食的方式要适中，要有规律。明代甚至将饮食"必须依时中节"当成了"垂世"的"教

◀（清）如意馆绘内经图

① 周履靖：《赤凤髓》卷一《食饮调护诀·第十二》。
② 张宗法：《三农纪》卷二四《养生》。

言"，让人们去遵守。① 至于食物的宜忌，则要求得
更为具体——

　　清淡安全，所以致寿。②

　　饮酒一斛，不如饮食一粥。③

　　莫嗜膏粱，淡食为最。④

　　午后饮食宜少。⑤

　　少饮卯时酒，莫吃申时饭。⑥

　　每食不过粗饭一盏许，浓腻之物，绝不向口。⑦

　　止可吃三二分饭，气候自然顺畅。⑧

　　多饮酒则气升，多茶饮则气降，多肉食、谷食
则气滞，多辛食则气散，多咸食则气坠，多甘食则气
积，多酸食则气结，多苦食则气抑。⑨

① 赤心子、吴敬所：《绣谷春容》卷六《垂世教言·节饮食》。

② 张宁：《方洲杂言》，《百陵学山》。

③ 胡文焕：《类修要诀》卷上《养生要诀》。

④ 程国彭：《医学心悟》卷一《保生四要·节饮食》。

⑤ 张萱：《西园闻见录》卷二五《摄生》。

⑥ 邝露：《赤雅》卷三。

⑦ 诸人获：《坚瓠集·秘集》卷三《饱生众疾》。

⑧ 龙遵叙：《饮食绅言》，《宝颜堂秘籍》。

⑨ 陈继儒：《养生肤语》，《学海类编》。

食不用急，急则不细，不细则损脾气。法当熟嚼令细，不用食坚硬难消之物。食必先食热，然后食冷。冷食不用热水漱口，热食不用冷水漱口。①

明代养生家还细致到逐月将饮食的宜忌整理出来，以使饮食养生的人们有所遵循——

正月，宜饮"屠苏酒"。酒的制作成分是：大黄一钱，橘梗、胡椒各一钱五分，桂心一钱八分，乌头六分炮，白术一钱八分，菜萸一钱二分，防风一两。宜忌的是蒜、韭、葱、薤、姜等"五辛"。

二月，寒食时宜食杨花粥。宜忌：黄花菜、陈菹，勿饮阴地流泉。

三月，上巳日，用黍面和菜作羹，以压时热。辰日，用绢袋盛面，挂当风处，受暑者用水调服。三月三日，采桃花浸酒饮，除百病，美颜色。宜忌：不可常食大蒜，夺热力，损心力，勿食生葵。

四月，宜用桑葚取汁三斗，白蜜四两，酥油一

---

①　王蔡传：《修真秘要·饮食禁忌》。

許仙坐當中
端陽五月生
夫妻通歡樂
青蛇看酒瀧
篆吉時早刻板

許仙

青蛇

▲（清）年画 饮雄黄酒

飲雄黃酒

两，生姜汁二两，用罐先盛葚汁，重汤煮汁到三升，再放蜜、酥、姜汁，三钱盐，又煮成膏，收贮到瓷器中，饮桑葚酒，治风热。四月宜服暖，宜食羊肾粥。其法是先用一两菟丝子研煮，取一两汁，滤净和面切煮，将一具羊肾切条，葱炒了吃，可以补肾，疗眼暗、赤肿等病。宜忌：韭菜同鸡肉同食，忌食隔宿肉，勿食生菜。

五月，宜用贯仲置水缸内，食水不染。夏至淘井，可去瘟疫。五月五日午时，饮菖蒲雄黄酒，辟除百疾，禁百虫。或水煮羊蹄根，或醋煮川椒，能治牙病。宜忌：浓肥，不可多食属土的茄子，李子不可与蜜雀肉同食，黄鱼不可同荞麦同吃，枇杷不可同炙肉、热面共进。

六月，宜饮乌梅酱、木瓜酱、梅酱、豆蔻汤，以祛渴。宜忌：凉水阴冷作冰饮，水热生涎，勿饮。

七月，暑气将伏，宜食稍凉。用一把竹叶，二个山栀，切碎，用水熬煎，澄清去滓，用淘粳米粉，作泔粉服。立秋日，人未起时，汲井水，长幼皆少饮，可以疗病。七月七日，采五两慎火花苗叶，三两盐同捣，绞汁治热毒。宜忌：立秋后十日，瓜宜少食，勿食水溲饼，勿多食猪肉。

八月，宜采柏子晒干为末，服方寸匙，稍增至多，可增健康。宜忌：生蒜，勿将猪肺及饴和食，以免发疽。勿食雉肉、猪肚，以免冬天咳嗽。霜降后才可吃蟹，勿食肥腥，以防霍乱。

九月，宜取地黄洗净，用竹刀切薄晒干，火焙成末，辗细充汤服，煎如茶法最好。取枸杞子浸酒饮，令人耐老。将甘菊花晒干三升，加一斗糯米，蒸熟，菊花搜拌，像常造酒法。多用细面曲，候酒热，饮一小杯，治头风，眩晕。采白术蒸曝九次，晒干为

售藥酒

▲（清）佚名 卖药酒

末，日服三次，不饥。用诃犁勒、批梨勒、庵摩勒三味，和核捣如麻豆大，用三两，再用一斗蜜、二斗新汲的水调匀，倾瓮中，即下"三勒"，熟搅密封。三四日后开，又搅，用干净布拭去汗，密封，共三十天才成味，甚美，喝了消食下气。初九，饵糕，饮菊花酒。宜忌：秋生冷，防痢疾，勿食新姜，勿食霜下瓜，能防冬发，翻胃，勿食葵菜，以免吃了不消化。

十月，宜服枣汤、钟乳酒、枸杞膏、地黄煎等物，以养和中气。冬至日，宜吃温暖食物，以易消化。

十一月，宜用赤小豆煮粥吃，以免疫。宜忌：勿食生菜，以免发宿疾。

十二月，取青鱼胆，阴干。如患喉闭及骨鲠者，用少量青鱼胆入口，可解咽津。宜忌：猪脾。[1]

明代还对食物的不可同食要求特别严格：

_____

[1] 以上十二个月养生宜忌，系笔者根据瞿佑《四时宜忌》梳理、归纳而成。九月所提"诃犁勒、批梨勒、庵摩勒"则为外国传来发梵音之果子。

　　黍米不可与葵菜同食。牛肉不可与韭同食。李子不可与鸡子同食。豆不可与鱼同食。梅子、杨梅不与葱同食。菱角不与蜜同食。苦苣不与酪同食。梨、柿不与蟹同食。芥菜不与兔肉同食。兔肉与姜同食成霍乱。雀肉不与李子同食。葱不可与蜜同食。黄鱼、明矾不可与荞麦面同食。鸭肉不可与鳖同食。鳖肉不可与苋菜同食。猪肉不与生姜同食。①

　　清代则将常见的食物禁忌节要出来：

　　食猪肉，忌姜、羊肝。羊肉，忌梅子、酢。牛肉，忌姜、栗子。鸭子，忌李。鲤鱼，忌鸡、猪肝、葵菜。黄鱼，忌荞麦。蟹，忌柿、橘、枣。枣，忌葱、鱼。胡荽、妙豆，忌豕肉。荞麦，忌豕、羊、雉肉、黄鱼。猪肝，忌鱼鲊。羊心、肝，忌椒、笋。牛肝、牛乳，忌鱼。鹌鹑，忌菌、木耳。鲫鱼，忌猪

---

① 徐春甫：《古今医统大全》卷之九八《通用诸方·饮食类五·食物相反》。

▲（明）佚名 玉阳洞天图

肝、蒜、鸡、糖。鲈鱼，忌乳酪。虾子，忌鸡、豕。
韭，忌牛肉、蜜。苋菜，忌鳖。黍米，忌牛肉、葵
菜、蜜。猪心肺，忌饴。犬肉，忌蒜、鱼。鸡肉，鸡
子，忌蒜、葱、芥、李。雀肉，忌李、酱。鱼酢，忌
绿豆、酱。鲟鱼，忌干笋。李子，忌蜜。梅子，忌豕
肉。杨梅，忌葱。绿豆，忌榧子。①

　　明清养生家还将以前时代的养生之道，如《陶真
人卫生歌》之类，删改虚诞，增加不备，评注句意，
总结出来十分精练的食物宜忌的注意事项，以使更多
的人都知晓。像明代——

　　　醉眠饱卧俱无益，渴饮饥餐犹戒多。
　　　食不欲粗并欲速，只可少餐相接续。
　　　若教一饱顿充肠，损气伤脾非汝福。
　　　生餐粘腻筋韧物，自死牲牢皆勿食。
　　　馒头闭气宜少餐，生脍偏招脾胃疾。

------

① 尤乘：《寿世青编》卷下。

鲊酱胎卵兼油腻，陈臭腌菹尽阴类。①

清代的则如——

食宜细嚼复细咽，精味散脾华色献。

若是粗快成糟粕，徒填肠胃为大便。

炙爆之物须冷吃，不然损齿伤血脉。

晚食常宜申酉前，向夜须防滞胸膈。

养体须当节五辛，五辛不节善伤身。②

以上所归纳出来的进食的方式、食物的宜忌与养生的关系，虽然在明清养生理论中占有相当大的成分，但是在明清养生家看来，饮食养生是一个有机的整体，进食的方式、食物的宜忌只是饮食养生中的一个部分，饮食养生是一个相当宽泛的范畴。明代一作家就北京不卫生的环境谈到养生需注意的言论，是可以代表明清这一养生见解的：

---

① 吴正伦：《养生类要》前集《陶真人卫生歌》。
② 石成金：《传家宝》初集卷之八《卫生必读歌·第六十九》。

京师住宅既偪窄无余地，市上又多粪秽，五方之人，繁嚣杂处，又多蝇蚋，每至炎暑，几不聊生，稍霖雨，即有浸灌之患，故疟痢瘟疫，相仍不绝。摄生者，惟静尘简出，足以当之。[①]

清代养生理论还这样表述——

对饮食来讲卫生，就要研究饮食的方法。凡是遇愤怒或忧郁时，都不应饮食，因不能消化，易成病，这是人人都应当切戒的。不咀嚼的急食不是适宜的，不言语默默吃也是不适宜的。饮食时宜与家人或投合的朋友同桌笑语温和，随意谈话，言者舒发意思，听者舒畅胸襟，心中喜悦，消化力自然增加，这最符合卫生的旨意。试想想，人当谈论快适时，饮食增加，这是出于不自觉。当愤怒或愁苦时，肴馔当前，不食自饱。这其中的道理，是可以深长思考的。[②]

---

① 谢肇淛：《五杂俎》卷二《天部》二。
② 徐珂：《清稗类钞》第十三册《饮食类·饮食之卫生》。

▲（明）文徵明　西园雅集图

▶（清）王云
西园雅集图

史实上，明清饮食养生的领域是非常多的，或环境，或情绪，或起居，或劳逸……它们的或好或坏，都直接影响着饮食养生的质量。其中影响较大的集中在饮食制作上——

福建制冰糖，杂和猪脂；制南枣，用牛油拌。淮甸的虾米，储久变色，浸上小便也就红润如新了。河南鲊在河上斫造，盛在荆笼，入汴道中，风沙一打，有坏的，便用水濯，小便浸一过，控干加上物料，肉变得更紧更有味了。僧家用冰糖、南枣供佛，虾米鱼鲊，被江南人家看成上好美味。这就是习惯而不觉察了。

更有甚者，清嘉庆初年，在四川一驿，遇福文襄郡王，各州的官吏认为郡王喜食白片肉，便设一大锅，投一只全猪在锅里煮。还未熟，郡王的前导便来传话：宿站尚远，一到就吃饭，可这时肉还未熟透，厨师很紧张，便登灶解裤，溺于锅中，有人问故，厨师说：忘带皮硝，用尿代替。待郡王到，上肉。郡王还未吃完，就传呼办差人，人们以为郡王必觉其臭了。谁知郡王认为走了一路，所吃猪肉，没有比这更香的了，因此赏办差人一副宁绸袍褂料。①

这种不讲卫生的习惯，尽管表面可以得逞，但其后果无疑会对人的生命造成极大的危害。如明人所说："不以饮食资生，反乃伤之。"②清人所说："不讲究饮食的卫生祸害极大。"③针对不卫生的习惯，明清养生家制定了许多行之有效的饮食卫生的方法——

生果停久，有损处者不可食。

茅屋漏水，入诸脯中，食之生瘕癥。

肉经宿并熟鸡过夜不再煮，不可食。

凡肉生而敛，堕地，堕地不粘尘，煮而不熟者，皆有毒。

诸肉脯贮米中，及晒不干者，皆不可食。

凡禽兽肝青者，不可食。

凡鱼：口能开闭，或无腮，无胆，及有角白背黑点者，皆不可食。

---

① 陈其元：《庸闲斋笔记》卷三《制造食物之秽》。
② 真可：《长松茹退》卷之上。
③ 顾仲：《养小录·序》。

河豚鱼漫血不尽，及子与赤斑者，皆不可食。

酒食积聚心下胀闷者，用盐擦牙，温水漱下，不过三次，如汤泼雪。吃茶多，腹胀，用醋解。樱桃经雨，虫自内入，用水浸上半天，虫就出来了，再吃。吃荔枝多就醉，将壳浸水中饮就解了。吃梅子牙软，吃藕便不软，用韶粉擦。吃蒜，用生姜、枣子同吃，口中就不臭。吃蟹，用蟹须洗手，不腥。栗子与橄榄同吃作梅花香。梅子同韶粉同吃，不酸不软，梅叶尤佳……①

这些严格的卫生预防措施，都是为了保障饮食养生的。尤其是对厨房卫生要求更为严格。

明清养生家认为厨房一日三餐常举水火，为养生之所，动关泰否，不可不慎。须常扫除重尘、蛛网，毋叠薪积草、灰。器用要洁净，置物要整齐，粪土不要停积灶前，锅碗过夜须刷洗干净。②

某些食具不能任意盛食物，或是盛了不可吃。如

---

① 林春溥：《闲居杂录》，《竹柏山房十五种附刻》。
② 张宗法：《三农纪》卷二十《宅舍·厨房》。

▲〔明〕梁上尘图

　　暑月瓷器，日晒太热了，不能用来盛饮食。铜器内盛酒过夜的，不能饮。盛蜜瓶作鲊，不能吃。

　　这些首先是为了防毒。其次是怎样使某些食具保持清洁，不致引起传染菌等。如：

　　锡器黑垢上者，用煮鸡鹅汤洗；不干净的茶瓶、茶盏，有损茶味，须先涤，净布拭以备用。在洗涤时，先用滚汤候少温，洗茶去掉壶垢，用定碗盛，待冷点茶，香气自发。

这些方法主要是预防食具带有细菌，影响食物从而妨碍人的身体健康。清代养生家尤其注重这方面，作了许多精辟的探讨——

切葱之刀，不可以切笋；捣椒之白，不可以捣蒜；闻菜有抹布气者，由其布之不洁也；闻菜有砧板气者，由其板不净也。工欲善其事，必先利其器。良厨先多磨刀，多换布，多刮板，多洗手，然后治菜。至于口吸之烟灰，头上之汗汁，灶上之蝇蚁，锅上之烟煤，一玷入菜中，虽绝好烹庖，如西子蒙不洁，人皆掩鼻而过之矣。①

明清养生家对烹调中清洁卫生也十分讲究，特别是那些有毒的食物，如吃河豚，须菜叶紧裹，用酱烧，洗涤净尽，至少一两个时辰那么久，然后才烹调。② 这样做的目的，是对食物原料杀菌，防止可能引起的疾病或中毒的发生。至于防虫、去腥、防变质

---

① 袁枚：《随园食单·须知单》。
② 王端履：《重论文斋笔录》卷一。

的方法，则数不胜数。

如清代提出牛奶喝时必须煮沸。这是因为伪造牛奶的，搀沍水，或提取乳油的余料，其有腐败的，更加碱来灭其臭味。还有臭气或酸味的，以及病牛的奶，喝了都有害。且牝牛得结核病（传于人身即成肺痨）者极多，所以榨得的奶，要多煮。[①]

这是在饮食前进行预防性的饮食养生方法，在食后也有保持养生的好方法。如去掉油腻，使口腔清爽，明清养生家还制作、倡导"香茶饼子"。明代的是——

孩儿茶、芽茶四钱，檀香一钱二分，白豆蔻一钱半，麝香一分，砂仁五钱，沉香一分半，片脑四分，甘草膏和糯米糊搜饼。[②]

清代的"香茶饼"则胜过明代，原料多，制作更精——

---

① 徐珂：《清稗类钞》第十三册《饮食类·饮食之卫生》。
② 高濂：《遵生八笺》卷十三《饮馔服食笺·下》。

甘松、白豆蔻、沉香、檀香、桂枝、白芷，各三钱，孩儿茶、细茶、南薄荷各一两，木香、蒿本各一钱，共为末，入片脑五分。甘草半斤，细切，水浸一宿，去渣，熬成膏，和剂。

另一方与之相差不远，[1] 其制法均是先将药物研成细末，甘草汁煎熬成膏状，再与药末混合，做成饼状的含片。这种香料药茶制品，在饭后含上一两片，既可解口内恶味，颊内生香，又可解毒清热，健胃强身。[2]

以饮食养生而闻名的李渔，就主张每天将指头一般大小的香饼，裂成数块，在饭后润舌，使满嘴都是香味。这表明"香茶饼子"虽小，但它预示着一种信息、一种方式，即饮食养生的食品的制造和推广，已经蔓延开来……

---

① 朱彝尊：《食宪鸿秘》上卷《香茶饼》。
② 陈士瑜：《香茶饼子考》，载《中国烹饪》，1991（4）。

食疗

明清时期，对饮食与疾病的认识，胜于以前的任何一个时期。如用饮食治理脾胃，（张培仁：《妙香室丛话》卷一）用食物解毒，用食物的不同性味预防疾病和治疗疾病……都已达到了相当高的水平。

尤为称道的是，对补益饮食的区别，依据脏腑辩证进行配餐的饮食治疗，以五行生克理论为基础的饮食宜忌的原则，因人因地因时的不同而灵活运用不同的食物治疗……在食疗的各个方面，都有精湛的创制。

在前代的基础上，明清人又总结出许多食疗食方和药膳食品，像"桂花饼"之类，层出不穷。还有人为了治疗肥胖，竟制作出节食的特效食品。（沈周：《客座新闻·食人易足》）摄精馔以食疗，医疗之理寓于食品制作，药物与食物的调和，已成为非常流行的食风。

食疗，即进食药物饮食，通过饮食中的药物作用，达到强身、防病、治病的目的。在这方面，明清食疗家均做过科学而又透彻的研究和论述。例如：

可缓之病，不妨暂停药饵，调进所嗜之味，胃气一旺，便可长养精神。[1]

人若有病，先以食治之；食疗未愈，然后命药。[2]

花生，味甘而辛，体润气香；香可舒脾，辛可润肺。[3]

绿豆，甘凉，煮食清胆养胃，解暑止渴，润皮肤，消浮肿，利小便，止泻痢，析醒弭疫。浸罨发芽，摘根为蔬，味极清美。生研绞汁服，解一切草木金石诸药，牛马肉毒，或急火煎清汤，冷饮亦可。

---

① 冯兆张：《锦囊秘录》，人民卫生出版社，1998年版。
② 徐春甫：《古今医统大全》卷之八六《老余编·饮食编》。
③ 黄宫绣：《本草求真》卷九《食物》。

绿豆皮，入药，清风热，去目翳，化斑疹，消肿胀。

绿豆粉，宜作糕饵素馔，食之清积热，解酒食诸毒。新汲水调服，治霍乱转筋，解砒石、野菌、烧酒及诸药毒……[1]

诸如此类的食物疗治的研究和论述，还有很多。其中上升到理论的高度，以明初朱橚的论述最具代表性——

一有疾病，资以治疗者，十去其九，是以别五肉五果五菜，必先之五谷，以夫生生不穷，莫如五谷为种之美也。辨五益为助为充，必先之为养。以夫五物所养，皆欲其充实之美也。非特如此，精顺五气以为灵，若食气相恶，则为伤精，形受五味以成体，若食味不调，则为损形，阴胜阳病，阳胜阴病，阴阳和调，人乃平康，故曰安身之本，必资于食，不知食宜，不足以存生。人日食有成败，百姓日用而不

---

① 王士雄：《随息居饮食谱·谷食类·绿豆》。

▲（清）钱杜 人物山水图

知。苟明此道，则安脏腑，资血气，悦神爽气，平痾去疾，夫岂浅浅耶。[1]

水

利用饮食防病、治病，以达到养生健体的作用，已被明代食疗家日益重视，他们从不同角度补充、发展了食疗的体系。如明代食疗构建中一突出的现象是饮用水作为饮食的大部，被放在了第一位。

对水的重视，在前代并非没有，但都没有像明代这样，将水提到首要的高度。而且为了更好地食用水，将水的资源调查得一清二楚，可以说，天泉地水，所能找到的，均搜志所详尽载——

天水十六种，地水三十七种，名水三十七种，北直名泉二十八处，南直名泉一百十二处，齐鲁诸泉二十九处，中州泉水四十处，三晋诸泉二十五处，秦陇名泉六十五处，三楚诸泉三十八处，西江泉水

---

[1]　朱橚：《普济方》卷二五七《食治门》。

七十三处，巴蜀诸泉三十五处，两浙名泉七十处，闽福诸泉七十五处，东粤诸泉二十八处，西粤诸泉十四处，滇南泉水十五处，黔地诸泉十处。

从北方到南方，从中原到边地，食用水的地域非常广阔。除却檐头水、酸水、苦水不能食用或毒水、少数民族地区遗漏水外，全国食用水可达七百三十种之多。①

▲（明）热汤图

---

① 笔者根据姚可成补辑《食物本草》卷一至卷四《水部》重新统计。

菊花水

▲（明）文俶 金石昆虫草木状
　万历彩绘本
　古人对于水的各种认识。比如
半天河，古人认为饮之可治恶
毒之症

泉水

半天河

臘雪

食疗家对水进行了分析：一般都是味甘，主清凉肺腑，洗涤垢腻，止渴除热，去中焦积聚。许多泉水同时也具有治咳，泽肌润肤，通水道，治丹瘤热毒、虚劳等症的作用。

食疗家认为水是构成人体细胞不可缺少的物质。人体的很多生理活动，如消化、吸收、分泌、排泄，都一定要在有水的情况下才能进行。如果水摄入不够，势必影响细胞的新陈代谢，妨碍肌体的正常代谢。

所以水是人一天也不可离开之物。[①] 尤其是早晨打的新井水，在干净的器皿中热几个开，慢慢喝慢慢漱，这叫"真一饮子"。一早未吃饭，胃藏冲虚，喝了这样的生水，能蠲宿滞，淡渗滋源。[②]

根据现代食疗研究：新鲜开水冷却到二十至二十五摄氏度时，溶解在其中的气体比煮沸前少一半，内聚力增大，分子间更加紧密，表面张力增强，此时和生物细胞内的水十分接近，能给动、植物迅速

---

① 费伯雄：《食鉴本草·味类·水》。
② 陆树声：《清暑笔谈》，《广百川学海》丙集。

▲〔清〕佚名 淘井

吸收，因此有"活性水"之称。①

如果清晨饮上一杯"活性水"，则有利于降低血黏度，改善微循环，加强肝脏的解毒和细胞免疫功能。这种"活性水"还对缺血性心脑血管疾病有预防作用，也有助于大量出汗者迅速调节脱水细胞的水平衡，消除疲劳。

食疗制品

为了治疗和预防疫病，明清食疗家不止于水还配制加工了大量的食物疗品。较为常见的样式是将食物和药物混合，加入适量的调味，经过精巧的烹调加工等步骤，制成既保持食物的风味，又不失其药效的食疗食品。

明代用山楂制糕就是成功的一例。制法是：将大山楂蒸熟，杵去子，加锭粳米粉，砂糖量加，捣和成剂做成饼子，随便当果子吃，能去积、消食、消痰饮。②

---

① 仓阳卿：《阳刚阴柔》，上海古籍出版社，1994年版。
② 徐春甫：《古今医统大全》卷之九七《造楂糕法》。

又如清代的食疗家，从"调和脾胃为要"的角度出发，运用谷、豆、菜、果、茶、鱼、禽、兽等一百七十多种食物，制成健脾益胃，极易消化吸收的粥、饮、膏、糕、羹、酒等剂型的食疗食物达一百一十多种。①

也有根据人的生理条件而有选择地用动物、植物加工制作的饭食点心、肉禽菜肴等。如明代有人患肠风下血病，又患了痔疮，就用团鱼滋阴降火凉血这一功能，每天烹调下饭，将其元煮白汁熏染，无不神效。②

明清的食疗家已能用各种食物疗治病毒。如明代时用芝麻油：凡造饭菜，必用真麻油在净锅熬熟，却下肉炒过，然后入清水煮，并不犯毒。明代徽州、池州等地方吃牛肉，不论春夏，无日不食，因依靠着这个方子，所以少有中毒的。③

在食疗食品中，较为集中的是糕、粥两种食品。

---

① 尤乘：《寿世青编》，卷下。

② 天然痴叟：《石点头》，第十卷，上海古籍出版社，1985年版。

③ 张介宾：《景岳全书》卷三五《诸毒》。

如治伤食脾胃虚弱的"八仙糕"，其成分是人参、山药各六两，莲肉六两，芡实六两，茯苓六两，糯米七升，早粳米七升，白糖霜二两五钱。将山药、参、莲、芡、苓五味，各为细末，再将粳、糯米为粉，与上药末和匀，并白糖入蜜汤中炖化，摊铺笼屉内，切成条，蒸熟，火上烘干，收好。饥时白汤泡数条服，舒肝宽胃，功难笔述。

清代的"八仙糕"方，则与之相映照：白术、白茯苓、怀山药、莲实、芡实各八两，饭上蒸熟、晒干，临合微炒，陈皮、甘草各三两，腊炒米三斗，共八味。每年腊月极冻之日，炒糯米，用大簸箕放天井中间，铺开冷透，以收腊气。同药共磨筛细，收瓷罐内。食时入糖，开水冲调……吃这糕最妙在不拘早晚，随要随有，多、少、稠、稀，各随人意。

由于"八珍糕"食疗作用较好，明清宫廷也很重视。明代御医陈实功，就根据皇子肠胃虚薄，容易引起消化不良，并引起食少腹胀面黄肌瘦等症，使用茯苓、山药、扁豆、山楂、麦芽、薏苡仁、芡米、粳米、糯米共研成粉状，再加糖做成糕，让皇子服用，效果很好。

乾隆年近古稀之际，因脾胃肾功能均日渐衰弱，自己开方配制了符合自身状况的"八珍糕方"，其配方为：党参、茯苓、白术、薏苡仁、芡末、扁豆、白糖等，共研为细末，同白米粉和而蒸糕。

据《清宫医案研究》记述：乾隆四十一年（1776）二月十九日起，至八月十四日，合上用过四次"八珍糕"。乾隆五十二年（1787）十二月初九日起，至五十三年（1788）十二月初三日，合上用"八珍糕"九次，足见乾隆对"八珍糕"食疗的重视[1]，有时乾隆还亲自对"八珍糕"的制作发出详细的指示——

叫你们做八珍糕。所用之物人参、茯苓、山药、扁豆、建莲肉、粳米面、糯米面共为极细加白糖，和匀蒸糕，俱系药糕，蒸得时晾凉了，每日随着熬茶时送。记此。[2]

---

[1] 陈可冀：《清宫医案研究》，中医古籍出版社，2003年版。
[2]《乾隆四十四年驾行热河哨鹿节次膳底档》。

归州沙参

淄州沙参

成州葛根

海州葛根

▲（明）文俶 金石昆虫草木状 万历彩绘本
各种药用草本植物

菩
�

泰
州
菩
�

潞
州
黄
苓

耀
州
黄
苓

乾隆在热河时，每天都要在饮茶时进食4~6块"八珍糕"。这种糕白色细腻，清香甘甜，药气较小，松软可口，可收"理脾化饮"之效。从配方所用药物上看，其主要用料中的人参、山药、扁豆、建莲肉等，都是具有药性兼食性的药品，有健脾养胃、益气和中之效，适用于年迈体衰、脾胃虚弱、食少腹胀、面黄肌瘦、腹泻便溏等症。

食疗食品

食疗食品并非全是配以药物的食品，有相当多的食物其本身就具有药效，这类食物在明清被归纳为水、谷、菜、果、鳞、介、禽、兽、味、草、木等，[①] 而且对食物所具有的食疗特点，总结得十分清楚、详细。像"粳米"的特点和制作：

味甘、平，无毒。主益气，止烦，止渴，止泻痢。温中，和胃气，长肌肉。壮筋骨，益肠胃，通血脉，和五脏，益精强志，聪耳明目。

---

① 姚可成补辑：《食物本草》卷七、卷九、卷十四等。

▲ （清）孙逸　松溪采芝图

合芡实煮粥食之更佳。

小儿初生，煮粥汁如乳，量与食，开胃。

常食干粳饭，令人不噎。

新米乍食，动风气。陈者下气，病人尤宜。

不可和苍耳食，令人卒心痛。粳有早、中、晚三收，以晚白米为第一。

清代基本沿续了"多啜粥"这一传统，尤为注意粥食的药疗与食疗的双重作用。如每白粥一碗，放五钱鹿角霜，一匙白盐，搅匀空心服。这种鹿角粥能补髓坚齿，益精血，固元气。清代有人坚持喝这种粥达30年之久，虽然已70高龄，还像少壮年似的。[1] 又如，何首乌是一味补肝、益肾、养血的良药，用何首乌同粳米煮粥，经常服食，可以达到补肝肾、益精血的效果。

还有，干姜属温中散寒的药物，只适于湿寒症，无补养作用。粳米或糯米可以健脾益气，却没有散寒的作用。若用干姜配伍米谷，煮粥服食，则成了温补

---

① 抟沙拙老：《闲处光阴》卷下。

脾胃、治疗脾胃虚寒的食治良方。

明清时期的药粥疗法，均以补益胃气、健补脾胃为原则，所以多获理想效果。如明清药粥的重要成分粳米、糯米、籼米、黍米、秫米、粟米、粱米，均具极好的健脾胃、补中气的功能。因此有人举例：一人患病，不服药，专喝粟米粥，绝去他味，旬余减，月余就痊愈了。[①]以此宣扬粥养最宜的理论。

明清用粥疗病的范围是非常广的。

一是应用药粥预防疾病。如胡萝卜粥，可用来预防高血压。它还包含着药物预防的效果，也起到扶助正气、增强人体抗病力的作用。

二是药粥可作为急性病的辅助治疗。明清有不少药粥，就是专门用以治疗急性病的食疗方。"茵陈粥"是专治急性传染性肝炎的粥方；"枳椇粥"是治疗酗酒、醉卧的。这些药粥既可单独使用，也可作为治疗急性病的辅助食疗。

三是药粥适于病后及妇女产后的调理。病后用米粥调理最为稳妥，这是因为无论病后或妇女产后，全

---

① 吴仪洛：《本草丛新·造酿类》。

身机能减退，胃肠虚薄，消化能力降低。米粥不仅营养丰富，而且极易消化吸收，又能补充能量。再如，妇女生产过后，不仅体质虚弱，还有一段通乳汁、排恶露的生理过程，这时吃些猪蹄粥或莴苣子粥，可帮助下奶，或服用益母草汁粥养血，可促进子宫的恢复。

四是应用药粥养生延年。在明清药粥资料中，绝大部分选用的是味甘性平的滋养强壮药。像山药、枸杞、首乌、苁蓉等，都有很好的抗老防衰、延年益寿的作用。有些中药对预防老年病也颇有裨益，如山楂可防治高血脂、高血压，冬瓜预防老年肥胖，柏子仁预防老人便秘等。运用这些中药同米煮粥，经常服食，确实能起到补益抗老、延年益寿的效果。

药粥在明清流行，是有背景的。在一个追求饮食养生的气氛中，粥疗所具备的多种好处自然极易得到人们的好感，因为药粥可以当作早餐、晚餐或点心食用，既可充饥，又作食治。明代"食治饴粥"总结得好：

米虽一味，造粥多般；色味罕新，服之不厌。

须记远取净甜之水，细别粟米之精。

山药、粟黄、蜀黍、红粳、白糯、苄仁、葱白、生姜、拌面、菜斋，皆可煮粥。故粟米百种，用一旦，令色味新，更改换翻腾做粥。温热调停，香异味奇，神清意乐，喜则气缓，治粥为身命之源。饮膳可代药之半。[1]

与丸、散、膏、丹相比，药粥还具有汤剂吸收完全的优点，又无损胃气。由于粥在肠内通过缓慢，使药物的有效成分能够充分吸收，适合长期久食，还可根据病情，灵活组方，随季节变更，适时选用。药粥大多以单味药，最多两三味药与米同煮，经济简便，安全有效。

明清时期人们已习惯在有胃病的时候，吃几片蜂糖糕，配上碗粥。[2]这表明粥疗是很深入人心的。

这一时期，人们用一种唤作"神仙粥"的方子来治风寒、暑湿、头痛、骨疼和四时流行的疫气。一般

---

[1] 朱橚：《普济方》卷二五九《食治门》。
[2] 许宗衡：《玉井山馆笔记》，《滂喜斋丛书》。

得了感冒吃"神仙粥"，两三天就可以好。

这种粥的制作方法是：用半盒糯米，五大片生姜，两碗河水，在砂锅内煮一两个滚，再将五六个大葱白放入，煮到半熟，再加放米醋小半盏，和匀。然后趁热吃下去，或者只喝粥汤。即于无风处睡下，以出汗为标准。

这就是采取了以糯米补养为主，姜、葱发散为辅，一补一散又用酸醋敛之。这种粥的疗效是很好的。

明清药粥主要为滋补强壮类、防治疾病类，包括补气、补血、补阴、补阳、健胃、润肠、清热、散寒、利水等类。约而言之为：

健脾开胃，润肺止咳，养血通乳。适用于肺燥干咳，少痰或无痰，脾虚反胃，贫血，产后乳汁不足的"落花生粥"。

补中益气，健脾和胃。适用于脾胃气弱，消化不良，不思饮食，倦怠少气，腹部虚胀，大便泄泻不爽的"白术猪肚粥"。

主治养心、安神、健脾、补血。适用于心血不

羊腎粥　枸杞葉半斤米三合羊腎兩個碎切葱頭五

莖乾薑亦可同煮粥加些鹽味食之大治腰脚疼痛

麋角粥　用麋過膠的麋角霜作細末每粥一盞入末

一錢鹽少許食之治人下元虛弱

鹿腎粥　用鹿腎二個去脂膜切細入少鹽先煮爛

米三合煮粥治元氣虛耳聾　一方加蓯蓉二兩酒洗

去皮同腎入粥煮亦妙

猪腎粥　用人參二分葱白些少防風一分俱搗作末

欽定四庫全書　　　　　　　　　遵生八牋

同粳米三合入鍋煮半熟將猪腎一對去膜預切薄

片淡鹽醃頃刻放粥鍋中投入再莫攪動慢火更煮

良久食之能治耳聾

羊肉粥

末一錢大棗二個切細黄耆五分入粳米三合入好

鹽三二分煮粥食之治羸弱壯腸

豇豆粥

白豇豆半斤人參二錢作細片用水煎汁下

米作粥食之益精力又治小兒霍亂

少湯入牛乳待煮熟盛碗再加酥一匙食之

甘蔗粥　用甘蔗榨漿三碗入米四合煮粥空心食之

治咳嗽虛熱口燥涕濃舌乾

山藥粥　用羊肉四兩爛搗入山藥末一合鹽少許

粳米三合煮粥食之治虛勞骨蒸

枸杞粥　用甘州枸杞一合入米三合煮粥食之

紫蘇粥　用紫蘇研末入水取汁煮粥將熟諒加蘇子

汁攪勻食之治老人脚氣　須用家蘇方妙

欽定四庫全書　　　　　　　　　遵生八牋

地黄粥　十月内生新地黄十餘斤搗汁每汁一斤入

白蜜四兩熬成膏收貯封好每煮粥三合入地黄膏

三二錢酥油少許食之滋陰潤肺

胡麻粥　用胡麻去皮蒸熟更炒令香用米三合潤内

入胡麻二合研汁同煮粥熟加酥食之

山栗粥　用栗子煮熟搗作粉入米煮粥食之

菊苗粥　用甘菊新長嫩頭叢生葉摘來洗淨細切入

鹽同米煮粥食之清目寧心

▲（明）藥粥書影

足的心悸、心慌、失眠、健忘、贫血、脾虚腹泻、浮肿、体质虚羸，以及神经衰弱，自汗、盗汗等的"龙眼肉粥"。

主治补气血，益肝肾。适用于肝肾亏损，发须早白，血虚头昏耳鸣，腰膝软弱，大便干结等的"仙人粥"。

补虚损，健脾胃。适用于一切虚弱劳损，气血不足，病后、产后羸瘦，年老体弱，婴幼儿营养发育不良等的"乳粥"。

养心神，止虚汗，补脾胃。适用于心气不足，神经性心悸，怔忡不安，失眠，妇女脏躁病，自汗、盗汗，脾虚泄泻的"小麦粥"。

补中益气，滋养脏腑，滑润肌肤的"脊肉粥"。

健脾胃，助消化。适用于消化不良，食积难消，暖腐吞酸，脘闷腹胀，大便泄泻的"红曲粥"。

清热生津、凉血止血的"生地黄粥"。

温暖脾胃、散寒止痛的"干姜粥"……

甚至这一时期的人们都对粥所具有的疗效产生认同。像"腊八粥"，就成为上自皇帝，下至平民必用的一种食疗粥。它是用黄米、白米、江米、小米、菱角米、栗子、红豇豆、去皮枣泥等和水煮熟，外用染红桃仁、杏仁、瓜子、花生、榛穰、松子及白糖、红糖、葡萄，以作点染。每至腊月初七，举国上下，贵族百姓，凡具备煮制"腊八粥"的，都是剥果涤器，终夜经营，待天明时粥熟，食用。[1] 这是因为"腊八粥"各种原料确具食疗性。

食疗理论认为："腊八粥"的主要成分粳米，是人常食之米，禀天地中和之气，味甘，性平，故专主脾胃，兼及他脏，凡五脏血脉，无不因此而灌溉，具有益气、止烦、止渴、止泄、温中、和胃气、长肌肉、补中壮筋骨、益肠胃等功效。将粳米煮烂成粥，极易消化。豇豆、栗子、大枣、葡萄、花生、核桃仁、白果为"腊八粥"辅料。

豇豆即长豆，为豆中上品，又名豆角。其性平，宜益气补肾，健胃和脏，生精除渴，止吐逆泻痢。

---

[1]　明代刘若愚：《酌中志》卷之二十《饮食好尚纪略》；清代富察敦崇：《燕京岁时记·腊八粥》。

栗子，誉称"肾之果"。味咸、性温、体重而实，故能入肾补气。凡人肾气亏损，腰脚软弱，并胃气不充，而见肠鸣泄泻，用此无不见效。

大枣，味甘，气温，色赤，肉润，为补脾胃要药。大枣甘能补中，温能益气，脾胃既补，则十二经脉自通，九窍利，四肢和也，正气足，则神自安。

葡萄，味平甘，性冷，益脏气强志，除烦解渴，疗肠间缩水，调中。

花生，味甘而辛，体润气香，性平无毒，可舒脾润肺。

核桃仁，性甘温，补肾补脑，定喘润物。[①]

由上述各种原料煮成的"腊八粥"，自然会起到补益五脏的作用，无愧是食疗的佳品。正因如此，明代人就提出了：每天早晨起来吃白粥，利膈养胃，生津液，可使一天都清爽。[②]

清代人则是将每日清晨吃的粥，头晚间煮得极

---

① 李梃：《医学入门·保养说》。
② 石成金：《传家宝》初集长生第六八《食宜早些》。

烂、极稠，再吃。而且，根据流传下来的粥方，制作了许多食疗粥。主要代表有：

　　上品三十六：莲肉粥、藕粥、荷鼻粥、芡实粥、薏苡粥、扁豆粥、御米粥、姜粥、香稻叶粥、丝瓜叶粥、桑芽粥、胡桃粥、杏仁粥、胡麻粥、松仁粥、菊苗粥、菊花粥、梅花粥、佛手柑粥、百合粥、砂仁粥、五加芽粥、枸杞叶粥、枇杷叶粥、茗粥、苏叶粥、苏子粥、藿香粥、薄荷粥、松叶粥、柏叶粥、花椒粥、栗粥、绿豆粥、鹿尾粥、燕窝粥。

　　中品二十七：山药粥、白茯苓粥、赤小豆粥、蚕豆粥、天花粉粥、面粥、腐浆粥、龙眼肉粥、大枣粥、蔗浆粥、柿饼粥、枳椇粥、枸杞子粥、木耳粥、小麦粥、菱粥、淡竹叶粥、贝母粥、竹叶粥、竹沥粥、牛乳粥、鹿肉粥、淡菜粥、鸡汁粥、鸭汁粥、海参粥、白鲞粥。

　　下品三十七：酸枣仁粥、车前子粥、肉苁蓉粥、牛蒡根粥、郁李仁粥、大麻仁粥、榆皮粥、桑白皮粥、麦门冬粥、地黄粥、吴茱萸粥、常山粥、白石英粥、紫石英粥、慈石粥、滑石粥、白石脂粥、葱白粥、菜菔粥、菜菔子粥、菠菜粥、甜菜粥、秃菜根粥、芥菜粥、韭叶粥、韭子粥、苋菜粥、鹿肾粥、羊肾粥、猪髓粥、猪肚粥、羊肉粥、羊肚粥、羊脊骨粥、犬肉粥、麻雀粥、鲤鱼粥。①

粥的食疗功效尤其体现在灾荒之年。人们往往在米汤中，放入少量麦粉，使成稀粥。因饥民畏寒，有姜汁则辟寒气，通肠胃，再加上三四块水姜，捣碎调和，就可稍润饥民的肠胃了。②

除粥外，还有一些质地轻薄的液体食物，其防病、治病的作用也非常显著。如明代的"地仙煎"：一斤山药，一升汤泡去皮尘的杏仁，二斤生牛奶。将杏仁研细，入牛奶，和山药拌绞取汁，用新瓷瓶密封，煮一天，每天调服空心酒一匙头。治腰膝疼痛，一切腹内冷病，可令人颜色悦泽，骨髓坚固。③

清代的"风髓汤"：松子仁、核桃仁，各一两，半斤蜜。先将二仁研烂，再放蜜和匀，沸汤烹服，这

---

① 曹庭栋：《老老恒言》卷五。
② 仲瑞五堂主人：《几希录·桴亭施米汤约》。
③ 高濂：《遵生八笺》卷十三《饮馔服食笺·下》。

▲（清）塞缪尔·维克多·康斯坦特 卖杏仁茶图

个汤可以润肺，治疗咳嗽。①

还有用水作溶媒的煎煮饮料。如明代的"砂仁熟水"：三五颗砂仁，一二钱甘草，碾碎入壶中，加滚汤泡上，其香可食，甚消壅隔，去胸膈郁滞。②清道光年间广州的"万寿堂午时茶"，其中放入精心挑选的药料，气味醇正芳香，性质温和，不寒不热，健脾开胃，止渴生津，祛寒去湿。士绅商旅，出门远行，朝夕宜用此茶，可驱除四时瘴气，抵御恶劣气候。内疾外感，此茶一概适用，饮者无不称便。即使对疾病一时未见显效，也属益寿延年的绝妙佳品。③

清代还有许多代茶的饮品，或养血，或润肾，或止燥，或轻身……防病、疗病的功效十分显著。主要品种是——

忍冬花叶汁、枸杞苗叶汁、侧柏叶汁、松叶汁、五加根叶花实汁、槐枝叶花实汁、麦门冬汁、天门冬汁、

---

① 朱彝尊：《食宪鸿秘》上卷《凤髓汤》。
② 高濂：《遵生八笺》卷十一《饮馔服食笺·上》。
③ 亨特：《旧中国杂记·午时茶》，广东人民出版社，1992年版。

地黄汁、甘草汁、芦根汁、土茯苓汁、苧根皮叶汁、蓝叶汁、车前叶实汁、桑叶汁、木槿花汁、脂麻汁、小麦汁、大麦汁、黑豆汁、绿豆汁、扁豆汁、粳米汁、糯米汁、粟米汁、秫米汁、紫苏叶实汁、薄荷汁、菜菔汁、芋汁、冬瓜汁、梅汁、橄榄汁、梨汁、枣汁、龙眼汁、柿汁、橘饼汁、槟榔汁等。①

明清的食疗食品中，更具特色的是糖果、蜜饯、蜜膏等糖、药相合的食疗食品。其制法是用糖料、果实、药料掺入、熬炼，以更适于儿童、不愿接受药物及需长期调养者食用。

像起源于明代末年苏州的小方形、五只一串的"谢家糖"，即入清后改成粽子形状的"粽子糖"，就是以白糖为主料，采用植物类中营养丰富兼有药疗功能的果、豆等辅料制成的。每只糖的主、辅料多达四至五种，一只糖就像一贴中药剂方，调理、滋补功能兼具，充分体现了"药食同源"的食疗原理。②

---

① 章穆：《调疾饮食辩》第一卷《总类·代茶诸品》。
② 翁洋洋：《苏式糖果与吴文化》，载《中国食品报》1991，4（22）。

为清火滋阴，明清食疗家还用好黄香大梨捣汁，加上白洋糖、蚀糖，熬成梨膏，随时挑服。为下气止血，还用雪梨、甘蔗、泥藕、薄荷等捣成汁，入瓦锅慢火熬成"四汁膏"食用。[1]

这些都是蜜膏类的食疗食品，这和当时满族用山药、红薯、杞子、山楂、板栗等果脯制成蜜饯，用来补虚弱、益脾胃，消积散滞，治疗高血压的食疗方式[2]相映成趣……

明清食疗家还用瓜果滋补身体。如用十个大南枣，蒸软去皮核，配一钱人参，用布包，放在米饭中蒸烂，一同捣匀，做成弹子丸似的，收贮起来食用，可以补气；[3]利用龙眼的甘温凝滞性，熟后晒干，放入药内吃，可以补血；[4]用橄榄解酒毒，去口臭。[5]诸如此类，不胜枚举。

在明清食疗食品中，数量最大、最为常见的当属

① 费伯雄：《食鉴本草·燥类》。
② 于永敏：《满族药膳与食疗经验》，载《中国少数民族科技史研究》第七辑，内蒙古人民出版社，1992年版。
③ 李化楠：《醒园录》卷下《制南枣法》。
④ 梁玉瑜：《医学问答》卷四《食物对人体有什么损益》。
⑤ 童岳荐：《调鼎集》卷十《橄榄》。

菜与肉。以明代可以食疗的蔬菜代表为例——

荤辛类的芥菜，可以除肾经邪气，利九窍明耳目，安中。研末作酱食，香美，通利五脏。能止嗽止吐，主心腹诸痛。芥菜嫩心，生切入瓷，泼以滚醋、酱油等料，汁过半指，封固，候冷再用。味极香烈，辣窜爽口，为食品一助。

又如瓜菜类的冬瓜，主小腹水胀，利小便，止渴。益气耐老，除心胸满，去头面热，利大小肠，压丹石毒。假如想体瘦轻健，可多吃。瓜瓤，可治五淋。瓜子，可益气不饥，久服，轻身耐老。瓜皮，可主折损痛。瓜叶，可主消渴。瓜藤，可解木耳毒。

肉可以人们最常吃的猪肉为例：

猪蹄，可以煮汤吃，通乳汁。猪血，可以解丹石毒，治头风眩晕。猪油，可以凉血，润燥，散风，利肠，解毒，杀虫，消干胀。猪心，可以补心血不足。猪肝，可以补肝明目。猪肺，可以补肺治咳。猪肚，可以健脾，补赢，助气。猪肠，可以润肠治燥，止小便，调血痢。猪肾，可以治肾虚腰疼、耳聋。猪脾，可以治脾胃虚热。猪脊髓，可以补骨髓，益虚劳。①

　　从以上所列举的各类食物的食疗方式及作用，可以看出一切可以发掘的食物及其食疗作用，都充分地发掘和利用起来了。在这一点上可以说，明清食疗已达到了中国古代食疗的巅峰。

老人食疗

　　着重强调的是，老人食疗的成就，在这一时期也达到了巅峰状态。从古代人口专家研究成果看，明清人口中老人高寿的例子是很多的，② 其中的因素固然是多方面的，但食疗的防病、治病的作用是不能忽视的。在明清食疗体系中，也确有相当大的一部分是专为老人设计的，如糕、粥、菜、肉、茶、汤、液等。明代食疗家就非常明确地指出过："凡老人有患，宜先以食治，食治未愈，然后命药，此养老人大要之法也。"③

---

① 徐文弼：《寿世传真·修养宜饮食调理》第六《兽类》。
② 如明徐充：《暖姝由笔》；李贤：《古穰杂录》；清俞樾：《耳邮》卷四；毛祥麟：《墨余录》卷一等书记载。
③ 徐春甫：《古今医统大全》卷之八六《老老余编·饮食编》。

▲（清）佚名　胤禛道装双圆一气图像

他们针对老人的生理特点，进一步提出具体的食疗方式。如："老人肠胃虚薄，多则不消。膨胀短气，必至霍乱。夏至以后，秋分之前，勿进服浓美腥酥油乳酪，则无他虑矣。所以老人多疾者，皆由少时春夏取凉，饮食太冷，其鱼鲙生菜生肉腥冷之物，多损于人，直宜断之。唯乳酪酥蜜，恒宜温之而食。此大利益老年，若卒多食之亦令人腹胀泻痢，可渐食之。每日常宜淡食，勿食太咸物。"①

此类食疗方式，已被明清老人食疗的实践证明是有效的。清乾隆中期已经75岁的曹庭栋，则根据自己长寿的体会，将其食疗经验系统化，例如——

调脾之法，服食即当药饵。

夏至以后，秋分以前，外则暑阳渐炽，内则微阴初生，最当调停脾胃，勿进肥浓。瓜果生冷诸物，亦当慎。胃喜暖，暖则散，冷则凝，凝则胃先受伤，脾即不运。

早饭可饱，午后即宜少食，至晚更必空虚。

---

① 朱橚：《普济方》卷二五九《食治门·食治养老》。

勿极饮而食，食不过饱，勿极渴而饮，饮不过多，但使腹不空虚。凡食总以少为有益，少食以安脾。

水陆之味，虽珍美毕备，每食忌杂，杂则五味相挠，定为胃患。

煮饭松软，称老年之供。[①]

从明清老人食疗家所总结的食疗经验来看，可归纳为几条主要的食疗原则：

一是注意益养脾胃的功能；

二是坚持饮食的规律性；

三是饮食以清淡为主，品种数量勿多、杂。

如此等等，还可举出许多条来，因为明清老人食疗经验理论是十分丰富的，只能就其大概，管中窥豹，但已可使我们领略到明清老人食疗那犹如夕阳的光辉了……

---

① 曹庭栋:《老老恒言》卷一《饮食》。

后 记

二十世纪八十年代中期，我应赵荣光教授之邀，"客串"《中国饮馔史》研究写作。

明清饮食自来无史，问题繁杂，遂将明清列一单元，为此我孜孜以求，费时八年，成一专著。后以《明清饮食研究》之名，在台湾以繁体字出版，两次印刷，行销海外。大陆清华大学出版社则以《1368-1840 中国饮食生活》之名，以简体字出版，印刷两次，面向普罗。

两书内容似与《明清饮食》差别不大，其实不然。

笔者为了突出人在饮食活动中的作用，搜集了许多可以与明清饮食历史互相证明的图片资料，并将其布之于清华版的书中，书中某些章节由于有图片的映照而显得灵动起来。

现在，是宋杨女史，将明清饮食最具代表性的食贩图片分门别类，加以勾连，构成了食贩人物绣像长廊，它不仅供人欣赏，更主要的是从食贩出发拉开了一个新的研究方向的帷幕。

为使《明清饮食》更加严谨准确，精益求精，责编傅娉细致审核，以文字与图片相得益彰，就此可以说：三版堪称新书，以此书加之二十年检验的二书，标示着明清饮食研究线索大体可寻，一个厚重的研究体系的基石已经显现。我相信，我期待……

伊永文

匆匆写于二〇二二年十二月
防疫之冬夜晚

图书在版编目（CIP）数据

明清饮食：厨师·食贩·美食家 / 伊永文著. —北京：中国工人出版社，2023.1
ISBN 978-7-5008-7821-6

Ⅰ.①明… Ⅱ.①伊… Ⅲ.①饮食－文化－中国－明清时代 Ⅳ.①TS971.202

中国版本图书馆CIP数据核字（2023）第006469号

明清饮食：厨师·食贩·美食家

出 版 人	董 宽	
责 任 编 辑	傅 娉	
责 任 校 对	赵贵芬	
责 任 印 制	黄 丽	
出 版 发 行	中国工人出版社	
地 址	北京市东城区鼓楼外大街45号 邮编：100120	
网 址	http://www.wp-china.com	
电 话	（010）62005043（总编室）	
	（010）62005039（印制管理中心）	
	（010）62379038（社科文艺分社）	
发 行 热 线	（010）82029051 62383056	
经 销	各地书店	
印 刷	三河市东方印刷有限公司	
开 本	787毫米×1092毫米 1/32	
印 张	9.75	
字 数	150千字	
版 次	2023年5月第1版 2023年5月第1次印刷	
定 价	78.00元	

本书如有破损、缺页、装订错误，请与本社印制管理中心联系更换

版权所有 侵权必究